● 機械工学ライブラリ ●
UKM-13

理工系のための
微分積分

牛島邦晴

数理工学社

編者のことば

　機械工学は，機械（広義には「もの」）の研究，開発，設計，製造方法から，機械の使用方法，メンテナンス，リサイクルまで，機械に関係するすべての現象・事項を対象とする工学の一分野である．機械力学，材料力学，熱力学，流体力学という4つの力学と，設計，製図，機械製作を基幹として，これらに関連した応用数学，制御工学，計測法，電気・電子工学，材料科学，プログラミング，経営工学，技術者倫理，各種機械の各論（例えば，原動機や流体機械）などから構成されている．俗に，機械技術者はつぶしが効くと言われるが，上記のように機械工学がカバーする分野の広さを考えると，言い得て妙であろう．

　産業革命以来，科学技術は急速な進歩・発展を遂げ，現在は情報化社会となっている．貧富の格差は依然として残されているが，数多くの技術者や科学者を始めとした多くの方々の弛まぬ努力により，人類は歴史上類を見ない豊かで健康な社会を実現したといえよう．過去300年にわたる機械工学の発展が現在の豊かな社会を築く上で多大な貢献をなしてきたことに異論はないのではないだろうか．しかしながら，野放図な発展の結果として，現在の社会が環境問題や人口爆発（食糧問題）などグローバルな課題に直面していることも事実である．このため，国際連合が提唱するSDGs，化石燃料の使用を抑制して環境問題・エネルギー問題の解決を図る脱炭素化（カーボンニュートラル）などに見られるように，グローバルな問題の解決に向けて全世界で取組みが始まっている．また，日本では，これらのグローバルな問題に加えて，少子高齢化が喫緊の課題として取り上げられていることも周知の事実である．機械技術者は，これらのグローバルな問題の多くに対して，将来，機械工学に基づく技術的な解決策を提供しなければならないことは論を俟たない．世界的な規模で将来のより豊かで持続可能な社会を実現するためには，機械工学あるいは機械技術者が今後果たすべき役割は非常に大きいといえよう．

　「機械工学ライブラリ」の編集にあたっては，大学や高等専門学校で機械工学を学ぶ学生を主たる対象とすることとした．このため，4力学などの基幹専

編者のことば iii

門分野に関する巻を充実させることを重要な目標とした．また，機械工学を学修するために必要な応用数学，制御工学などの関連分野を広く網羅することとし，機械工学を学修する学生が将来機械技術者となって活躍できる基盤を提供することを目指した．本ライブラリが機械工学の基本的な専門知識および技術を網羅する書籍群となることを大いに期待している．また，本ライブラリは大学院生や若手技術者など機械技術者として成長を期する方々にとっても有用な書籍となるであろう．なお，全巻の構成については別表を参照いただきたい．

　本ライブラリが機械工学を学修する大学学部生，高等専門学校生，大学院生，企業で働く若手技術者の一人でも多くの方々に利用され，機械工学に関する専門知識の獲得および技術の向上に活用され，機械技術者として将来大いに活躍するための礎となれば幸いである．

　　2022 年 12 月

機械工学ライブラリ

編者　山本　誠　後藤田　浩

「機械工学ライブラリ」書目一覧	
1　機械力学	9　制御工学
2　材料力学	10　生産加工学
3　初歩からの 材料強度学	11　機械製図
4　入門流体力学	12　理工系のための 線形代数
5　基礎流体力学	13　理工系のための 微分積分
6　熱力学の基礎	14　理工系のための 応用解析
7　熱物質移動学	15　理工系のための 確率統計
8　機械設計学	

まえがき

　微分積分を学ぶ目的は関数の特徴を正しく知ることであります．その為には，まず関数とは何かを理解し，関数の極限や連続性，微分可能性の確認方法を正しく知る必要があります．その上で，関数の極大値・極小値や最大値・最小値の計算方法を学びます．ここまでは高校の数学 II や III で学ぶ微分積分と基本的に同様ですが，理工系学生にとっては，微分や積分をモノの設計に役立てることが重要であります．また，社会科学，そして人文科学系の学生にとっても，「与えられた制約条件の下で，ある評価尺度ではかって最良の仕事をするにはどうすればよいか」という問題は重要なものであります．この問題はいずれも微分を使った最適化問題と考えられます．例えば設計する機械や構造物の性能を表す関数（目的関数とも呼ばれる）を正しく定義できれば，微分の知識を使って設計変数（設計者が自由に変更できる変数）に対する関数の感度を調べ，最も感度のよい変数に注目して形状を変更することがあります．それにより，関数にとって最適な形状を決めることができます．また，積分は力学問題を表す微分方程式の解を計算するときに用いたり，設計対象の機械や構造物内に蓄えられる様々なエネルギーを計算する際に用います．言い換えれば，工学部では大学入試までで解いた抽象的な問題から，物理的に意義のある具体的な問題の解法として，微分や積分をとらえる必要があります．

　本書は，著者が東京理科大学工学部機械工学科で担当している 1 年次必修科目（微分積分 1 と 2）において，講義中に力を入れて説明した内容や課題レポートの中で特に質問が多かった内容を中心にまとめた本であります．

　構成としては，第 1 章では主に関数とは何か，本書で取り扱う初等関数の種類，さらには関数の特徴を表す極限や連続性の確認方法について，説明しています．高校生や大学で微分積分を学び始めの学生で双曲線関数や逆関数について，聞き慣れない方はまず読んでください．また，陰関数や陽関数の違いや関数近似の精度を表す指標であるランダウの記号も載せています．微分積分をす

ぐに学習したい方は第1章を読み飛ばして第2章から読み始めても構いません。第2章からがいわゆる高校や大学での微分積分であり，第2章では1変数関数の微分，第3章では1変数関数の積分を取り扱います。高校で習う微分・積分との定義の違いや新しい概念をここで押さえます。次に第4章以降はいよいよ多変数関数の問題となり，第4章は多変数関数の微分，第5章では多変数関数の積分を取り扱っています。各節の節末問題は，過去に講義の中間テストや期末テストで出題した問題から選んで出しています。本書すべてにわたり，丁寧な証明よりもわかりやすさを重視しています。そのため，できるだけ例題を多く入れ，問題を通じて理解を深めることを目指しています。

なお，節末問題の解答は数理工学社の本書サポートページに上げられていますのでご活用下さい。

最後に，書きかけの原稿を丁寧に読んで誤りなどをご指摘くださった株式会社数理工学社の田島伸彦さん，西川遣治さんには心より感謝します。

2025年1月

著者

サイエンス社・数理工学社のホームページのご案内
https://www.saiensu.co.jp

目　　次

第1章

関数の極限およびその連続　　　　　　　　　　　　　　　　　1

1.1　関数とその種類 ……………………………………………… 1

　　　演 習 問 題 …………………………………………………… 9

1.2　関数の特徴 …………………………………………………… 10

　　　演 習 問 題 …………………………………………………… 17

1.3　関数近似と誤差 ……………………………………………… 18

　　　演 習 問 題 …………………………………………………… 19

1.4　関数値に対する重要な定理 ………………………………… 20

　　　演 習 問 題 …………………………………………………… 20

第2章

1 変数関数の微分　　　　　　　　　　　　　　　　　　　　21

2.1　微分可能性と導関数の計算 ………………………………… 21

　　　演 習 問 題 …………………………………………………… 25

2.2　微分を利用した関数値に対する重要な定理 ……………… 26

　　　演 習 問 題 …………………………………………………… 27

2.3　微分を応用した関数近似 …………………………………… 28

　　　演 習 問 題 …………………………………………………… 28

2.4　関数の特徴 …………………………………………………… 29

　　　演 習 問 題 …………………………………………………… 34

第3章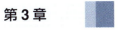

1変数関数の積分　　　　　　　　　　　　　　35

- 3.1　不定積分とその計算 ……………………………… 35
  - 演習問題 …………………………………………… 41
- 3.2　微分方程式とその計算 …………………………… 42
  - 演習問題 …………………………………………… 44
- 3.3　定積分とその計算 ………………………………… 45
- 3.4　広義積分 …………………………………………… 49
  - 演習問題 …………………………………………… 50
- 3.5　定積分の応用 ……………………………………… 51
  - 演習問題 …………………………………………… 53

第4章

多変数関数の微分　　　　　　　　　　　　　　54

- 4.1　偏微分係数と偏導関数 …………………………… 54
  - 演習問題 …………………………………………… 56
- 4.2　方向微分係数と勾配ベクトル …………………… 57
  - 演習問題 …………………………………………… 62
- 4.3　微分可能性と接平面 ……………………………… 63
  - 演習問題 …………………………………………… 66
- 4.4　全微分 ……………………………………………… 67
  - 演習問題 …………………………………………… 68
- 4.5　様々な関数の微分 ………………………………… 69
  - 演習問題 …………………………………………… 75
- 4.6　関数の展開 ………………………………………… 76
  - 演習問題 …………………………………………… 80
- 4.7　関数の極値 ………………………………………… 81
  - 演習問題 …………………………………………… 89

第 5 章

多変数関数の積分　　　　　　　　　　　　　　　　　　　　　　　　90

　5.1　重積分の定義 …………………………………………………… 90
　　　　演習問題 ……………………………………………………… 99
　5.2　変数の変換 ……………………………………………………… 100
　　　　演習問題 ……………………………………………………… 107
　5.3　広義積分 ………………………………………………………… 108
　　　　演習問題 ……………………………………………………… 109
　5.4　重積分の応用 …………………………………………………… 110
　　　　演習問題 ……………………………………………………… 116

索　引　　　　　　　　　　　　　　　　　　　　　　　　　　　118

第1章

関数の極限およびその連続

　微分積分では実数値関数（値として実数を与える関数）を用いる．この章では関数とは何か？を説明する．また，微分積分で取り扱う初等関数の種類を紹介し，その特徴を表す指標として逆関数，関数の極限と関数の連続性について説明する．

1.1 関数とその種類

1.1.1 関数とは？

　1つ（あるいは1組）の変数 x（あるいはベクトル表示を用いた $\boldsymbol{x}$）が与えられると，それに応じて変数 y の値が決まるとき，y を x（あるいは $\boldsymbol{x}$）の関数と呼び，

$$y = f(x)$$

あるいは

$$y = f(\boldsymbol{x})$$

と書き表す．このとき，x（あるいは $\boldsymbol{x}$）を独立変数，y を従属変数と呼ぶ．

　関数を考える際，重要なことはその変数がどこからどこまでの値を持つのか，という領域を正しく知ることである．独立変数 x（あるいは $\boldsymbol{x}$）の領域を定義域，従属変数 y の領域を値域と呼ぶ．それらの領域は A や D, V といった記号を使うことが多い．そしてその領域内で独立変数 x が動くとき（例えば x が領域 D 内で任意の値を持つとき），$x \in D$ と書き，それに伴い従属変数 y が関数 f によってある領域 V 内の値を持つとき，$V = \{y \mid y = f(x), x \in D\}$ と書く．

1.1.2 関数の作図

この項では関数の作図について説明する．「何をいまさら」と思うかもしれないが，1 変数関数 $y=f(x)$ では，座標平面（xy 平面）に特に苦労なく作図できていたものも，座標空間（xyz 空間）になると途端にペンが止まる学生も少なからずいる．また，座標平面に作図する問題であっても，「作図 = 極大・極小の計算」と思い込んでいるせいか，停留点の算出が難しい関数に出会った際，途端に手が止まる学生も少なくない．

例えば以下の問題を考えてみよう（ちなみにこの問題は世界的に有名なイギリスの某大学の面接試験問題でも類題が出たことがある）．

■ 例題 1.1 ■

xy 座標平面において，$y = f(x) = \frac{\sin x}{x}$ の曲線を $-\pi \leq x \leq \pi$ の範囲で描きなさい．

【解答】 当然ながら $x = 0$ の点は分母が 0 となるため定義できない．しかしながらこの関数 $f(x)$ が偶関数（$f(-x) = f(x)$）であること，$\lim_{x \to 0} f(x) = 1$ であることは高校の数学 II を学んだ学生ならよく知っている．そして微分

$$f'(x) = \frac{x \cos x - \sin x}{x^2}$$

より，$f'(x) = 0$ となる点は $x = \tan x$ を満足する点であり，$-\pi \leq x \leq \pi$ の範囲では $x = 0$（関数が定義できない点）以外にないことがわかる．あとはいくつかの点 x における $f(x)$ の値を計算しながら結んでいけば，おおよその形は描ける．図 1.1 にて作図例を示す．

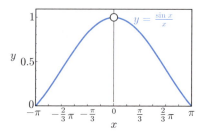

図 1.1 例題 1.1 の作図

★

1.1 関数とその種類

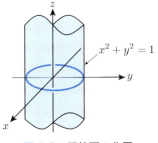

図 1.2 円筒面の作図

また，$y = x$ は座標平面上では直線を表すが，座標空間上では平面になる．例えば $x^2 + y^2 = 1$ を考えると，これは皆さん知っている円の方程式であるので，座標平面では中心が原点 $O(0,0)$，半径 1 の円を描けばよい．ではこの円を座標空間に描くとどうなるか？ 答えは円筒面を表す（図 1.2 参照）．

■例題 1.2■
xyz 座標空間において，円筒面（$x^2 + y^2 = 1$）の平面 $z = x$ における曲線を描きなさい．

【解答】
$$x^2 + y^2 = 1$$
かつ
$$z = x$$
を考える．これは単に x と z を入れ替えた式（$z^2 + y^2 = 1$）だけでなく，$z = x$ であることに注意されたい．つまり，yz 平面に垂直な方向から見れば円であるが，$z = x$ という平面の条件もあるので，円筒ではない．実際に x, z 軸を y 軸周りに $-\frac{\pi}{4}$ 回した座標軸 (x', z') を考えると，線形代数を用いて回転変換を以下のように書くことができる．

$$\begin{pmatrix} x \\ y \\ z \end{pmatrix} = \begin{pmatrix} \cos\frac{\pi}{4} & 0 & -\sin\frac{\pi}{4} \\ 0 & 1 & 0 \\ \sin\frac{\pi}{4} & 0 & \cos\frac{\pi}{4} \end{pmatrix} \begin{pmatrix} x' \\ y \\ z' \end{pmatrix}$$

したがって上の式にこの変換を代入すると $z' = 0$，$\frac{x'^2}{2} + y^2 = 1$ が得られ，この場合，楕円であることがわかる．★

■例題 1.3■
領域 $D = \{(x,y,z) \mid 0 \leq z \leq y \leq x \leq 1\}$ を図示しなさい．

【解答】 1つの式で表されている領域を分解すると $0 \leq x \leq 1$, $0 \leq y \leq 1$, $0 \leq z \leq 1$ の中で $z \leq y$ かつ $y \leq x$ かつ $z \leq x$ を満足する領域を図示すればよい（図 1.3 参照）．

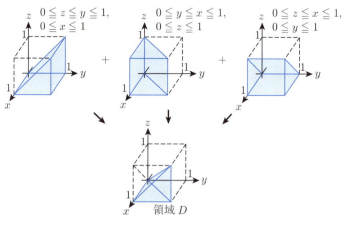

図 1.3　例題 1.3 の作図

1.1.3　初等関数の種類

微分積分では初等関数を取り扱う．初等関数には以下の関数が含まれる．
- 有理関数
- 無理関数
- べき関数
- 指数関数，対数関数
- 双曲線関数
- 三角関数

以下ではそれぞれの関数を簡単に紹介する．

1.1.4 有理関数と無理関数

高校の数学Ⅰでは，有理数は整数 m と n $(\neq 0)$ を使って $\frac{m}{n}$ で表される数，無理数は $\frac{m}{n}$ で表すことができない数，と習ったと思うが，**有理関数**も同様に分母と分子に以下の形の関数（有理整関数と呼ぶ）を持つ関数と定義される．

有理整関数

$$f(x) = a_0 x^n + a_1 x^{n-1} + \cdots + a_n$$

ここで，$a_0, a_1, \ldots, a_n$ は定数，n は整数を示す．即ち，有理関数 $f(x)$ とは以下の分数式で表される関数ともいえる．

$$f(x) = \frac{a_0 x^n + a_1 x^{n-1} + \cdots + a_n}{b_0 x^m + b_1 x^{m-1} + \cdots + b_m}$$

ただし，$b_0 x^m + b_1 x^{m-1} + \cdots + b_m \neq 0$ である．

また，**無理関数**は変数 x と定数との間に加減乗除の他に n 乗根を求める演算を有限回行って得られる関数として定義される．例えば $y = f(x) = \sqrt{x^2 + x + 2}$ は無理関数である．

1.1.5 べき関数，指数関数，対数関数

べき関数は，変数 x に定数 α のべき乗で表される関数（$y = x^\alpha$）である．この α は有理数でも無理数でも構わない（ちなみに α が有理数の場合は代数関数，無理数の場合は超越関数とも呼ばれる）．

指数関数は，定数 a の指数部に変数 x の式を含む関数（$y = a^x$）である．また，**対数関数**とは指数関数の逆関数であり，$a > 0, a \neq 1$ のとき $y = \log_a x$ と表される．逆関数については後に説明する．

指数関数と対数関数に関する重要な公式；

(1) $a^0 = 1$, $\quad a^1 = a$, $\quad \log_a 1 = 0$, $\quad \log_a a = 1$

(2) $a^{u+v} = a^u a^v$, $\quad \log_a uv = \log_a u + \log_a v$

(3) $a^{u-v} = \dfrac{a^u}{a^v}$, $\quad \log_a \dfrac{u}{v} = \log_a u - \log_a v$

(4) $(a^u)^k = a^{uk}$, $\quad \log_a u^k = k \log_a u$

6　　　　第 1 章　関数の極限およびその連続

1.1.6　双曲線関数と三角関数

　双曲線関数は，自然対数の底 e を用いた指数関数の 1 つであり，主に以下の 3 種類がある．

双曲線関数

$$\sinh x = \frac{e^x - e^{-x}}{2}, \quad \cosh x = \frac{e^x + e^{-x}}{2},$$

$$\tanh x = \frac{\sinh x}{\cosh x} = \frac{e^x - e^{-x}}{e^x + e^{-x}}$$

それぞれ「ハイパボリックサイン」，「ハイパボリックコサイン」，「ハイパボリックタンジェント」と呼ぶ．

　双曲線関数はその名の通り，双曲線（例えば $\frac{x^2}{a^2} - \frac{y^2}{b^2} = \pm 1$，ただし，定数 $a \neq 0, b \neq 0$）上の点 (x, y) を表すこともできる．例えば $\frac{x^2}{a^2} - \frac{y^2}{b^2} = 1$ の双曲線上の点 (x, y) は，媒介変数 t を用いて以下の式で表される．

$$\begin{cases} x = a \cosh t \\ y = b \sinh t \end{cases}$$

　理工系の学生が双曲線関数を使う例として，微分方程式 $y'' - a^2 y = 0$ の一般解（$y = A \cosh ax + B \sinh ax$）がある．

■ 例題 1.4 ■

　双曲線関数 $y = f(x) = \sinh x$ を xy 平面に作図しなさい．

【解答】　この関数は点対称（$f(x) = -f(-x)$）なので，$x \geq 0$ の範囲のみの関数 $y = f(x)$ の作図を考え，それを点対称に作図すればよい．

　$f(x) = \frac{e^x - e^{-x}}{2}, \frac{dy}{dx} = \frac{e^x + e^{-x}}{2} > 0, f(0) = 0, \frac{dy}{dx}\big|_{x=0} = f'(0) = 1, \lim\limits_{x \to \infty} f(x) = \infty$ なので，原点で $y = x$ と接し，上限を持たない単調増加な関数となる．同様にして $y = g(x) = \cosh x$ の作図もできる．図 1.4 には $y = f(x)$ のグラフも併せて表記する．★

　次に三角関数であるが，こちらは既に高校の数学 II で学習済の関数で，周期 2π（あるいは π）を持つ周期関数である．三角関数もまた，双曲線関数と同様，自然対数の底 e ならびに虚数単位 i（$i^2 = -1$）を用いて以下のように表すことができる．

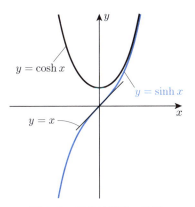

図 1.4 双曲線関数の作図

三角関数

$$\sin x = \frac{e^{ix} - e^{-ix}}{2i}, \quad \cos x = \frac{e^{ix} + e^{-ix}}{2},$$
$$\tan x = \frac{\sin x}{\cos x} = \frac{e^{ix} - e^{-ix}}{(e^{ix} + e^{-ix})i}$$

三角関数を用いて楕円（例えば $\frac{x^2}{a^2} + \frac{y^2}{b^2} = 1$，ただし，定数 $a \neq 0, b \neq 0$）上の点を表すこともできる．このとき，楕円上の点 (x, y) は，媒介変数 t を用いて以下の式で表される．

$$\begin{cases} x = a \cos t \\ y = b \sin t \end{cases}$$

理工系の学生が三角関数を使う例として，微分方程式 $y'' + a^2 y = 0$ の一般解 ($y = A \cos ax + B \sin ax$) がある．

1.1.7 陰関数と陽関数

先の関数の定義において，独立変数 x に対する従属変数 y との対応関係を関数 $y = f(x)$ として説明したが，x が決まれば y が求まる式として，方程式 $f(x, y) = 0$ もまた x の関数と考えられる．このような関数を**陰関数**という．また，通常の関数 $y = f(x)$ を**陽関数**と呼ぶ．陰関数において，y と x の関係は，$y = \varphi(x)$ のように陽な形で与えられていないが，$f(x, y) = 0$ を y に関する方程式と見なしてそれを解けば，与えられた x に対応する y を求めることができ

8　　　　　第 1 章　関数の極限およびその連続

るので，y を x の関数と見なすことができる．

> 【例】座標平面において，原点を中心とする半径 1 の円：
>
> ● パラメータ θ を用いた表現；
>
> $$x = \cos\theta, \quad y = \sin\theta \quad (0 \leq \theta \leq 2\pi)$$
>
> ● 陰関数を用いた表現；
>
> $$x^2 + y^2 = 1$$
>
> ● 陽関数を用いた表現；
>
> $$y = \pm\sqrt{1 - x^2}$$

■**例題 1.5**■

以下の陰関数を $y = \varphi(x)$ あるいは $z = \varphi(x, y)$ の陽関数で表しなさい．

(1)　$ax^2 + bxy + cy^2 = 1$　（ただし，a, b, c は定数で $c \neq 0$）

(2)　$x^2 + y^2 + z^2 = 1$

【解答】　(1)　y に関する 2 次方程式と考え，解と係数の関係より陽関数 $y = \varphi(x)$ を求める．

$$y = \varphi(x) = \frac{-bx \pm \sqrt{b^2x^2 - 4c(ax^2 - 1)}}{2c}$$

(2)　z について解くと $z = \pm\sqrt{1 - x^2 - y^2}$　★

演習問題

☐ **1.1.1** 実数 x に関する次の関数 $f(x)$ の定義域と値域を求めよ．（東京理科大学 2021 年度工学部入試問題）

$$f(x) = \frac{3x + \sqrt{32 - 7x^2}}{4}$$

☐ **1.1.2** 以下の関数 $y = f(x)$ を xy 平面上に作図しなさい．

(1) $f(x) = \dfrac{1}{x^n}$ （n は自然数）

(2) $f(x) = \sqrt{x^2 + 2x + 2}$

☐ **1.1.3** 以下の公式を導きなさい．ただし，a は定数（> 0），e はネイピア数とする．

(1) $a^x = e^{x \log a}$

(2) $\sinh(u + v) = \sinh u \cosh v + \cosh u \sinh v$

(3) $\cosh(u + v) = \cosh u \cosh v + \sinh u \sinh v$

1.2 関数の特徴

1.2.1 1対1対応と逆関数

「1対1対応」とは，異なる2つの独立変数 x_1 と x_2 があるとき，関数 f を介して求まる従属変数 $y_1 = f(x_1)$ と $y_2 = f(x_2)$ との間に以下が成り立つ関係を指す．

$$x_1 \neq x_2 \Leftrightarrow y_1 \neq y_2$$

この関係が成り立つのは，関数 $y = f(x)$ が単調増加あるいは単調減少な関数である必要がある．さらに，このとき，もとの関数 $y = f(x)$ の逆関数 $y = f^{-1}(x)$ が存在する，といえる．

逆関数が存在する場合，入力から出力が決まるだけでなく，出力から入力を決めることもできる．例えばある機械要素の性能を表す関数 $y = f(\boldsymbol{x})$ があり，逆関数が存在する場合，所望の性能 y を発揮するための設計変数 $\boldsymbol{x}$ を一意に決めることができる，ともいえる．

また，上の関係が成り立たない場合でも，次の例題のように単調増加関数と単調減少関数を組み合わせて逆関数を表せることがある．

■例題 1.6■

関数 $y = f(x) = \sin x$ の逆関数を求めよ．ただし，$0 \leq x \leq \pi$ とする．

【解答】 三角関数 $f(x) = \sin x$ は周期関数なので，変数 x の範囲によって1対1対応しない場合がある．一般に，$-\frac{\pi}{2} \leq x \leq \frac{\pi}{2}$ であれば単調増加関数として

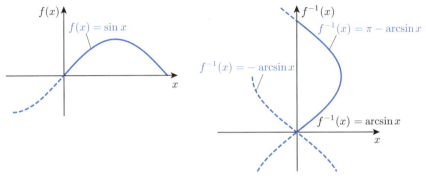

図 1.5 逆三角関数の作図

1 対 1 対応するため，逆関数 $f^{-1}(x) = \arcsin x = \sin^{-1} x$ と表記できる．しかしながら，$\frac{\pi}{2} \leq x \leq \pi$ の範囲では単調減少する関数となり，$-\frac{\pi}{2} \leq x \leq 0$ の関数 $f(x)$ の逆関数を -1 倍したものを π だけずらした関数となる．したがって，関数 $f(x)$ の逆関数 $f^{-1}(x)$ は以下のように書ける．

$$f^{-1}(x) = \arcsin x, \pi - \arcsin x$$

作図すると図 1.5 のとおりである．★

1.2.2 関数の極限

1 変数関数の極限は高校の数学 III でも習っているが，ここでは復習もかねて 1 変数関数について説明する．続いて 2 変数関数の場合も同様に説明する．

● 1 変数関数 $f(x)$ の極限

高校の復習

関数 $f(x)$ において，x が a と異なる値をとりながら限りなく a に近づくとき，$f(x)$ の値が限りなく一定の値 α に近づくならば，<u>$x \to a$ のとき $f(x)$ は α に収束する</u>といい，

$$\lim_{x \to a} f(x) = \alpha$$

と表記する．

これは以下の表現を用いてより厳密に表すことができる．

任意の $\varepsilon > 0$ に対し，以下の条件を満足する $\delta > 0$ を見つけることができるとき，関数 $f(x)$ の極限が存在するという．

$$0 < |x - a| < \delta \text{ であるすべての } x \text{ に対して } |f(x) - \alpha| < \varepsilon$$

この論法は ε–δ 論法とも呼ばれ，この定義に矛盾のない限り，関数の極限を定義できる．なお，$\lim_{x \to a} f(x) = \alpha$ とは，

$$\lim_{x \to a-0} f(x) = \lim_{x \to a+0} f(x) = \alpha$$

を意味している．

● 2 変数関数 $f(x, y)$ の極限

これを先の 1 変数関数の場合の拡張と考えると，まず以下のように定義できる．

12　　　　　第 1 章　関数の極限およびその連続

　関数 $f(x,y)$ において，(x,y) が (a,b) と異なる値をとりながら限りなく (a,b) に近づくとき，$f(x,y)$ の値が限りなく一定の値 α に近づくならば，$(x,y) \to (a,b)$ のとき $f(x,y)$ は α に収束するといい，$\displaystyle\lim_{(x,y)\to(a,b)} f(x,y) = \alpha$ と表記する．ここで，$(x,y) \to (a,b)$ とは，$x \to a$ かつ $y \to b$ のことを意味する．

　さらに，先の ε–δ 論法を 2 変数関数に応用すると，以下のように定義できる．

　任意の $\varepsilon > 0$ に対し，以下の条件を満足する $\delta > 0$ を見つけることができるとき，関数 $f(x,y)$ の極限が存在するという．

　$\boldsymbol{x} = (x,y)$，$\boldsymbol{a} = (a,b)$ とおく．$0 < \|\boldsymbol{x} - \boldsymbol{a}\| < \delta$ であるすべての $\boldsymbol{x}$ に対して $|f(\boldsymbol{x}) - \alpha| < \varepsilon$

　ここで，$\| \ \|$ はノルムを表し，この場合，$\|\boldsymbol{x} - \boldsymbol{a}\| = \sqrt{(x-a)^2 + (y-b)^2}$ となる．

■**例題 1.7**■

　関数 $f(x,y) = \frac{x^3+y^3}{x-y}$ の $(x,y) = (0,0)$ における極限を考える．それぞれの経路での極限を計算しなさい．

　(1)　x 軸上で近づけた場合：

$$\lim_{x\to 0}\left(\lim_{y\to 0} f(x,y)\right)$$

　(2)　y 軸上で近づけた場合：

$$\lim_{y\to 0}\left(\lim_{x\to 0} f(x,y)\right)$$

　(3)　曲線 $y = x - x^2$ 上で近づけた場合：

$$\lim_{(x,y)\to(0,0)} f(x,y)$$

　(4)　曲線 $y = x - x^3$ 上で近づけた場合：

$$\lim_{(x,y)\to(0,0)} f(x,y)$$

                    1.2   関数の特徴   **13**

【解答】 (1)

$$\lim_{y \to 0} \frac{x^3 + y^3}{x - y} = x^2$$

$$\lim_{x \to 0} x^2 = 0$$

(2)

$$\lim_{x \to 0} \frac{x^3 + y^3}{x - y} = -y^2$$

$$\lim_{y \to 0} (-y^2) = 0$$

(3)

$$\lim_{(x,y) \to (0,0)} \frac{x^3 + y^3}{x - y} = \lim_{x \to 0} x\{1 + (1 - x)^3\}$$

$$= 0$$

(4)

$$\lim_{(x,y) \to (0,0)} \frac{x^3 + y^3}{x - y} = \lim_{x \to 0} \{1 + (1 - x)^3\}$$

$$= 2 \quad \bigstar$$

1.2.3   関数の連続性

1 変数関数の連続性についても高校の数学 III で習っている．ここでは 2 変数
関数の場合のみを示す．

次の 3 つの条件を満たすとき，関数 $f(x, y)$ は点 (p, q) で連続であると
いう．

(a) $\displaystyle\lim_{(x,y) \to (p,q)} f(x, y)$ が存在する，

(b) 関数 $f(x, y)$ は点 (p, q) で定義されている，

(c) 上の 2 つの値が等しい：$\displaystyle\lim_{(x,y) \to (p,q)} f(x, y) = f(p, q)$．

14　　　　　　　第 1 章　関数の極限およびその連続

■**例題 1.8**■

以下の関数の点 $(0,0)$ での連続性について答えなさい．ただし，$f(0,0)=0$ とする．

(1)　$f(x,y) = \dfrac{2xy^2}{x^2+y^4}$

(2)　$f(x,y) = (x+y)\sin\dfrac{1}{x}\sin\dfrac{1}{y}$

【解答】　(1)　極座標系 $(x = r\cos\theta,\ y = r\sin\theta)$ で考える．

$$\lim_{(x,y)\to(0,0)} \frac{2xy^2}{x^2+y^4} = \lim_{r\to 0} \frac{2r\cos\theta\sin^2\theta}{\cos^2\theta + r^2\sin^4\theta}$$

ここで，$r = a\dfrac{\cos\theta}{\sin^2\theta}$（$a$ は定数）を保ちながら $r \to 0$ を考えると，

$$\lim_{r\to 0} \frac{2r\cos\theta\sin^2\theta}{\cos^2\theta + r^2\sin^4\theta} = \frac{a}{1+a^2}$$

となる．これは a の値により様々な極限値となるため，$\displaystyle\lim_{(x,y)\to(0,0)} f(x,y)$

が存在しない．したがって連続でない．

(2)　まず $\left|\sin\dfrac{1}{x}\sin\dfrac{1}{y}\right| \leq 1$ なので，

$$\lim_{(x,y)\to(0,0)} (x+y)\sin\frac{1}{x}\sin\frac{1}{y} = 0 = f(0,0)$$

したがって連続である．★

1.2.4　漸近線とその計算

漸近線とは，1 変数関数において，独立変数の変動に応じて従属変数が一定の値に近づく，あるいは一定の直線に近づくときの，収束解である関数を示す．収束する関数は $x = a$ や $y = b$ のような軸に平行なものも，$y = ax + b$ のように軸とは平行でない関数も考えられる．

以下では，1 変数関数の表現として以下の 3 種類

- 陽関数表現（$y = f(x)$）の場合
- 媒介変数表示（$x = f(t),\ y = g(t)$）の場合
- 陰関数表現（$f(x, y(x)) = 0$）の場合

に注目し，それぞれの表現での漸近線の計算について説明する．

1.2 関数の特徴

15

$y = f(x)$ の場合；

- **座標軸に平行な漸近線**：$x = a$ あるいは $y = b$

  $x \to a$ のとき $y \to \infty$ ならば，直線 $x = a$ は漸近線となる．

  $x \to \pm\infty$ のとき $y \to b$ ならば，直線 $y = b$ は漸近線となる．

- **座標軸に平行でない漸近線**：$y = mx + n$

  $\displaystyle\lim_{x \to \pm\infty} y - (mx + n) = 0$ より

  $$\lim_{x \to \pm\infty} \frac{y - (mx + n)}{x} = 0, \quad \to m = \lim_{x \to \pm\infty} \frac{y}{x}$$

  $$\lim_{x \to \pm\infty} y - (mx + n) = 0, \quad \to n = \lim_{x \to \pm\infty} (y - mx)$$

■ 例題 1.9 ■

$y = \dfrac{x^2(x-1)}{(x+2)(x-2)}$ の漸近線を求めよ．

【解答】 ● 座標軸に平行な漸近線：

$$\lim_{x \to \pm 2} y = \infty \quad \text{より，} \quad \text{漸近線：} x = \pm 2$$

$$\lim_{x \to \infty} y = \infty \quad \text{より，} \quad y = b \text{ の漸近線がない}$$

● 座標軸に平行でない漸近線：

$$m = \lim_{x \to \infty} \frac{y}{x} = 1$$

$$n = \lim_{x \to \infty} (y - x)$$

$$= \lim_{x \to \infty} \frac{x^3 - x^2 - x^3 + 4x}{(x+2)(x-2)}$$

$$= -1$$

$$\therefore \text{漸近線：} y = x - 1 \ \bigstar$$

$x = f(t), \, y = g(t)$ の場合；

$x \to \infty$ と $y \to \infty$ に対応する t を求めてから上述のやり方で漸近線を求める．

16　　　第 1 章　関数の極限およびその連続

■ **例題 1.10** ■

$x = \dfrac{t^2}{t-1}$, $y = \dfrac{t^2}{t+1}$ の漸近線を求めよ.

【解答】　● 座標軸に平行な漸近線：

$$\lim_{t \to 1} y = \frac{1}{2} \quad \text{より，} \quad 漸近線：y = \frac{1}{2}$$

$$\lim_{t \to -1} x = -\frac{1}{2} \quad \text{より，} \quad 漸近線：x = -\frac{1}{2}$$

● 座標軸に平行でない漸近線：

$$m = \lim_{t \to \infty} \frac{y}{x} = 1$$

$$n = \lim_{t \to \infty} (y - x)$$

$$= \lim_{t \to \infty} \frac{t^3 - t^2 - t^3 - t^2}{t^2 - 1}$$

$$= -2$$

$$\therefore 漸近線：y = x - 2 \; ★$$

$f(x, y(x)) = 0$ の場合

　$f(x, y) = 0$ から $x = x(t)$, $y = y(t)$ を見出してから上述のやり方で漸近線を求める.

■ **例題 1.11** ■

　$x^3 + y^3 = 3axy$　$(a > 0)$ の漸近線を求めよ.

【解答】　$y = xt$ とすれば，曲線の方程式から

$$x^3 + t^3 x^3 = 3atx^2$$

よって，

$$x = \frac{3at}{t^3 + 1}$$

$$y = \frac{3at^2}{t^3 + 1}$$

以下は，媒介変数の場合と同じようにやればよい.

$$\lim_{t\to -1} x = \infty, \quad \lim_{t\to -1} y = \infty$$

より，
- 座標軸に平行な漸近線：存在しない
- 座標軸に平行でない漸近線：

$$m = \lim_{t\to -1} \frac{y}{x} = -1$$

$$n = \lim_{t\to -1}(y+x) = \lim_{t\to -1} \frac{3at(t+1)}{t^3+1}$$

$$= \lim_{t\to -1} \frac{3at}{t^2-t+1} = \frac{-3a}{3} = -a$$

∴ 漸近線：$y = -x - a$ ★

演習問題

□ **1.2.1** 次の関数の極限を求めよ．

(1) $\displaystyle\lim_{x\to 0} \frac{1-\cos x}{\sin^2 x}$　　(2) $\displaystyle\lim_{n\to\infty} n\sin\frac{\pi}{n}$　　(3) $\displaystyle\lim_{x\to\infty} \frac{x^\alpha}{e^x}$

(4) $\displaystyle\lim_{x\to\infty} \frac{x^\alpha}{\log x}$　　(5) $\displaystyle\lim_{(x,y)\to(0,0)} \frac{2xy^2}{x^2+y^2+y^4}$

(6) $\displaystyle\lim_{(x,y)\to(1,1)} \frac{x(1-y^n)-y(1-x^n)+y^n-x^n}{(1-x)(1-y)(x-y)}$　（ただし n は $n>1$ の整数）

□ **1.2.2** 次の式を証明しなさい．

(1) $\arctan\dfrac{x}{\sqrt{1-x^2}} = \arcsin x \quad (-1<x<1)$

(2) $\arctan\dfrac{1}{2} + \arctan\dfrac{1}{3} = \dfrac{\pi}{4}$

□ **1.2.3** 次の各曲線の漸近線を求めよ．

(1) $y = \dfrac{x^3}{3(x+1)^2}$　　(2) $x^2y^2 = x^2 - y^2$

18　　　　　　第 1 章　関数の極限およびその連続

▌ **1.3　関数近似と誤差**

1.3.1　ランダウの記号

コンピュータを用いて様々な数学の問題を解く際，誤差は必ず存在する．例えばニュートン–ラフソン法を用いて非線形の方程式 $f(x,y) = 0$ の解を求める際，後に説明するテイラー展開を用いて関数を 1 次近似し，方程式 $f(x,y) = 0$ の解を近似的に求めている．このように，関数の大まかな様子がわかれば十分と判断できる場合，どの位のオーダーの誤差が存在しているかを表す指標が必要となる．表 1.1 は x が小さい（$1.0 \times 10^{-2} \leq x \leq 5.0 \times 10^{-2}$）範囲での値を比較したものである．高校でも学習したように，

$$\lim_{x \to 0} \frac{\sin x}{x} = 1$$

は成り立つが，これは $x \to 0$ において，$\sin x \cong x$ を意味している．ただし，厳密に $\sin x = x$ ではないので近似していることを示さなければならない．その際に使う便利な記号として，ランダウの記号（o）がある．この場合，$\sin x = x + o(x)$ と表し，x の一次式で近似したことを示す．実際に存在する誤差は x の値よりもはるかに小さいが，$o(x)$ は近似のレベルを表しているといってよい．

表 1.1　x と $\sin x$ の近似精度

x	$\sin x$
1.000×10^{-2}	9.9998×10^{-3}
2.000×10^{-2}	1.9999×10^{-2}
3.000×10^{-2}	2.9996×10^{-2}
4.000×10^{-2}	3.9989×10^{-2}
5.000×10^{-2}	4.9979×10^{-2}

　一般に，2 つの関数 $f(x)$ と $g(x)$ が $x = a$ の十分近くにおいて，

$$\lim_{x \to a} \frac{f(x)}{g(x)} = b \quad (b \neq 0, \pm\infty)$$

のとき，関数 $f(x)$ は $g(x)$ を用いて以下のように表すことができる．

$$f(x) = bg(x) + o(g(x))$$

1.3.2 α 位の無限小

ある関数 $f(x)$ が $x \to a$ で $f(x) \to 0$ に収束する場合，その収束の速さを x の多項式と比較すると，関数近似を考えやすい．例えば先の式において，$g(x) = (x-a)^\alpha$ としたとき，

$$\lim_{x \to a} \frac{f(x)}{(x-a)^\alpha} = b \quad (b \neq 0, \pm\infty)$$

となる場合，この関数 $f(x)$ を **α 位の無限小**と呼ぶ．後の関数展開の際に詳しく説明する．

例題 1.12

以下の関数 $y = f(x)$ に対し，$x = 0$ における α 位の無限小について，α を求めよ．

(1) $y = 1 - \cos x$ (2) $y = 1 - \cos(1 - \cos x)$

【解答】 (1) $1 - \cos x = 2\sin^2 \frac{x}{2}$ より，

$$\frac{1 - \cos x}{x^2} = 2\frac{\sin^2 \frac{x}{2}}{x^2} = 2 \cdot \left(\frac{\sin \frac{x}{2}}{\frac{x}{2}}\right)^2$$

なので，

$$\lim_{x \to 0} \frac{1 - \cos x}{x^2} = \lim_{x \to 0} 2 \cdot \left(\frac{\sin \frac{x}{2}}{\frac{x}{2}}\right)^2 \cdot \frac{1}{4} = \frac{1}{2}$$

なので 2 位．

(2) 上の (1) の問題の解き方をさらに応用すると

$$1 - \cos(1 - \cos x) = 1 - \cos\left(2\sin^2 \frac{x}{2}\right) = 2\sin^2\left(\sin^2 \frac{x}{2}\right)$$

したがって，

$$\lim_{x \to 0} \frac{2\sin^2\left(\sin^2 \frac{x}{2}\right)}{x^4} = \lim_{x \to 0} 2 \cdot \left(\frac{\sin(\sin^2 \frac{x}{2})}{\sin^2 \frac{x}{2}}\right)^2 \cdot \left(\frac{\sin \frac{x}{2}}{\frac{x}{2}}\right)^4 \cdot \frac{1}{16} = \frac{1}{8}$$

なので 4 位．★

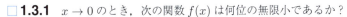

演習問題

☐ **1.3.1** $x \to 0$ のとき，次の関数 $f(x)$ は何位の無限小であるか？

(1) $f(x) = \tan x - \sin x$ (2) $f(x) = (1 + x^4)^{\frac{1}{3}} - 1$

1.4 関数値に対する重要な定理

1.4.1 中間値の定理

定理 1.1 関数 $f(x)$ が閉区間 $a \leq x \leq b$ において連続であれば，この区間において $f(x)$ は $f(a)$, $f(b)$ の中間にある値をすべてとる．言い換えると，関数 $f(x)$ が閉区間 $a \leq x \leq b$ において連続でかつ $f(a) \neq f(b)$ とすると，$f(a)$ と $f(b)$ の間の任意の値 γ に対して，$f(c) = \gamma$ となる c が $a \leq c \leq b$ の中に少なくとも1つ存在する．これを**中間値の定理**という．

1.4.2 最大値・最小値の定理

定理 1.2 関数 $f(x)$ が有界閉区間において連続であれば，必ず最大値 M と最小値 m を持つ．このとき，関数 f の値域は $m \leq f(x) \leq M$ と表記できる．これは**最大値・最小値の定理**としても広く知られている．

演習問題

1.4.1 中間値の定理を用いて，実数 x に関する以下の各方程式の指定区間における解の個数を求めよ．
(1) $2x^3 + x^2 + x - 2 = 0$ （ただし，$0 < x < 1$）
(2) $x - \cos x = 0$ （ただし，$0 < x < \frac{\pi}{2}$）
(3) $(x^2 - 1)\cos x + \sqrt{2}\sin x = 1$ （ただし，$0 < x < 1$）
(4) $e^x - 3x = 0$ （ただし，$0 < x < 2$）
(5) $2x \sin x - 3 = 0$ （ただし，$-\pi < x < \pi$）

第2章

1 変数関数の微分

この章では，1変数関数の微分について説明する．関数の微分を考える際，最初に確認すべき大事なことは，その関数がなめらか（＝微分可能）であるか，そして連続であるかを確認することである．本章では特に高校時代に習う微分（数学ⅡやⅢ）での微分の定義と大学での微分の定義の違いをまず確認する．その後，関数および関数値に関する重要な定理，平均値の定理について詳しく説明する．

2.1 微分可能性と導関数の計算

2.1.1 微分可能性

高校の復習

1変数の関数 $y = f(x)$ に対し，$x = a$ において関数が微分可能であることは，以下の極限が存在する（有限な値を持つ $f'(a)$ が存在する）ことを意味している．

$$\lim_{h \to \pm 0} \frac{f(a+h) - f(a)}{h} = f'(a) \ (\neq \pm \infty)$$

この有限な値 $f'(a)$ を持つことは2つの意味を持つ．1つは有限な値 $f'(a)$ を使って接線を定義できることである．即ち，関数 $y = f(x)$ に対し，$x = a$ における接線を以下の式で定義する．

$$y - f(a) = f'(a)(x - a) \tag{2.1}$$

もう1つは連続性である．つまり，有限な値 $f'(a)$ を持つことで，以下の関係が満たされる．

$$\lim_{x \to a \pm 0} f(x) = f(a) \tag{2.2}$$

22　　　　　　　第 2 章　1 変数関数の微分

$f(x)$ が $x = a$ で微分可能ならば $x = a$ で連続である．しかし，その逆は成り立たない．

● **連続であるが微分可能でない例；**

　$f(x) = |x|$ は点 $x = 0$ で連続（$f(0) = 0$）であるが，微分可能ではない．その理由は

$$\lim_{h \to +0} \frac{f(a + h) - f(a)}{h} = 1 \tag{2.3}$$

$$\lim_{h \to +0} \frac{f(a - h) - f(a)}{h} = -1 \tag{2.4}$$

となり，微分係数 $f'(a)$ が一意に定まらないためである．ちなみに

$$\lim_{h \to +0} \frac{f(a + h) - f(a)}{h} = f'(a + 0) = f'_+(a) \tag{2.5}$$

を右側微分係数と呼び，

$$\lim_{h \to +0} \frac{f(a - h) - f(a)}{h} = f'(a - 0) = f'_-(a) \tag{2.6}$$

を左側微分係数と呼ぶ．$f'(a + 0) = f'(a - 0)$ の場合，微分係数が一意に決まるため，$x = a$ で微分可能といえる．

■ **例題 2.1** ■

　以下の関数の微分可能性について答えなさい．ただし，$f(0,0) = 0$ とする．

$$f(x) = \begin{cases} x \arctan \dfrac{1}{x} & (x \neq 0) \\ 0 & (x = 0) \end{cases} \tag{2.7}$$

【解答】

$$\lim_{x \to +0} \frac{x \arctan \frac{1}{x} - 0}{x} = \lim_{x \to +0} \arctan \frac{1}{x} = \frac{\pi}{2}$$

また，

$$\lim_{x \to -0} \frac{x \arctan \frac{1}{x} - 0}{x} = \lim_{x \to -0} \arctan \frac{1}{x} = -\frac{\pi}{2}$$

したがって，微分可能ではない．ちなみにグラフは図 2.1 のようになる．★

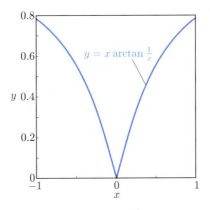

図 2.1　$y = x \arctan \frac{1}{x}$ のグラフ

2.1.2　微分の定義

変数 x の変化 Δx による関数 $y = f(x)$ の変化 Δy

$$\Delta y = f(x + \Delta x) - f(x)$$

を考える．2.2 節に述べる平均値の定理により，

$$\Delta y = \frac{d}{dx} f(x + \theta \Delta x) \Delta x$$

Δx が小さいとき，近似式が得られる．

$$\Delta y \cong \frac{d}{dx} f(x) \Delta x$$

なお，Δx が無限小のとき，

$$\Delta y = \frac{d}{dx} f(x) \Delta x$$

このとき，Δx を dx とし，Δy を dy とすれば，

$$dy = \frac{d}{dx} f(x)\, dx$$

これを y の微分といい．$\frac{df(x)}{dx}$ を関数 $f(x)$ の導関数と呼ぶ．

24　　　　　　　第 2 章　1 変数関数の微分

2.1.3 導関数の計算

関数 $y = f(x)$ の導関数は $\frac{df(x)}{dx}$ や $f'(x)$ という表現で表される．通常，「関数を微分する」ことと「関数の導関数を求める」ことは同値と考えられる．ただし，微分の定義から考えると，「関数を微分する」ことは，独立変数 x の微小増加 Δx に伴う従属変数 y の微小変化を予測すること，ともいえる．高校で習う微分の定義から考えると，導関数 $f'(x)$ は以下の式で定義される．

> 導関数 $f'(x)$ は，1 変数の関数 $y = f(x)$ の任意の x に対し，以下の極限で定義される．
>
> $$\lim_{h \to \pm 0} \frac{f(x+h) - f(x)}{h} = f'(x) \ (\neq \pm\infty)$$

導関数に関して成り立つ主な公式を下にまとめる．

> 微分可能な関数 $f(x)$ と $g(x)$ （$\neq 0$）に関し，以下の性質が成り立つ．
>
> $$(f(x) \pm g(x))' = f'(x) \pm g'(x)$$
> $$(f(x)g(x))' = f'(x) + g'(x)$$
> $$\left(\frac{f(x)}{g(x)}\right)' = \frac{f'(x)g(x) - f(x)g'(x)}{g^2(x)}$$

演 習 問 題　　　　　　**25**

2.1.4　合成関数の微分

合成関数

$$z = f(y), \quad y = g(x)$$

を考える.

- この場合の因果関係は,　　$z \longleftarrow y \longleftarrow x$
- 導関数 $\frac{dz}{dx}$ は全微分 dz の式における dx の係数である. $z = f(y),\, y = g(x)$ の全微分は,

$$dz = \frac{dz}{dy}\,dy \tag{a}$$

$$dy = \frac{dy}{dx}\,dx \tag{b}$$

(b) を (a) に代入すると,

$$dz = \frac{dz}{dy}\frac{dy}{dx}\,dx \tag{c}$$

が得られる. 導関数 $\frac{dz}{dx}$ は全微分 dz の式 (c) における dx の係数である
ことから,

$$\frac{dz}{dx} = \frac{dz}{dy}\frac{dy}{dx}$$

演 習 問 題

☐ **2.1.1**　次の関数を微分しなさい.

(1)　$f(x) = \tan^{-1}\sqrt{\dfrac{1 - \sin x}{1 + \sin x}}$

(2)　$f(x) = \tan^{-1}\sqrt{\dfrac{2 - x}{x - 1}}$

(3)　$f(x) = \sin^{-1}(2x\sqrt{1 - x^2})$

(4)　$f(x) = \cos^{-1}\dfrac{2 + 3\cos x}{3 + 2\cos x}$

(5)　$f(x) = \cos^{-1}\dfrac{1}{x}$

(6)　$f(x) = \sin^{-1}\sqrt{\dfrac{x}{x + 1}}$

26 第2章　1変数関数の微分

2.2　微分を利用した関数値に対する重要な定理

以下，取り扱う関数 $f(x)$ は閉区間 $a \le x \le b$ で連続であり，境界を含まない開区間 $a < x < b$ において微分可能とする．

2.2.1　平均値の定理

> **定理 2.1**　上記の条件を満足する関数 $f(x)$ に対し，以下の式
> $$f'(\xi) = \frac{f(b) - f(a)}{b - a}$$
> を満たす数 ξ が $a < \xi < b$ の中に少なくとも1つ存在する．

2.2.2　ロルの定理

> **定理 2.2**　上記の条件を満足する関数 $f(x)$ に対し，$f(a) = f(b)$ を満たすならば，$f'(\xi) = 0$ を満たす数 ξ が $a < \xi < b$ の中に少なくとも1つ存在する．

この定理は先の平均値の定理の拡張であり，関数の極値が存在する根拠の1つとして使うこともできる．

2.2.3　テイラーの定理

テイラーの定理もまた，平均値の定理の拡張である．以下にその詳細を示す．

> **定理 2.3**　関数 $y = f(x)$ が点 $x = a$ 近傍において n 回微分可能であるならば，点 $x = a + h$ における関数値 $f(a + h)$ について以下の式が成り立つ．
> $$f(a + h) = f(a) + f'(a)h + \frac{1}{2!}f''(a)h^2 + \cdots$$
> $$+ \frac{1}{(n-1)!}f^{(n-1)}(a)h^{n-1} + \frac{1}{n!}f^{(n)}(a + \theta h)h^n$$
> $$= f(a) + Df(a) + \frac{1}{2!}D^2 f(a) + \cdots$$
> $$+ \frac{1}{(n-1)!}D^{n-1}f(a) + \frac{1}{n!}D^n f(a + \theta h)$$

ただし $0 < \theta < 1$ である．また，D は微分演算子（$= h\frac{d}{dx}$）と呼ばれ，関数 $f(x)$ に対し以下の式で定義される．

$$Df = h\frac{df}{dx},$$
$$D^2 f = D(Df) = \left(h\frac{d}{dx}\right)\left(h\frac{df}{dx}\right) = h^2\frac{d^2 f}{dx^2},$$
$$\cdots D^n f = h^n\frac{d^n f}{dx^n}$$

2.2.4 マクローリンの定理

テイラーの定理で $a = 0$ とし，h を x と書けば，以下のマクローリンの定理が得られる．

> **定理 2.4** 関数 $y = f(x)$ が点 $x = 0$ 近傍の領域 I において n 回微分可能であるならば，I に属する任意の点 x に対して次の式が成り立つ．
> $$f(x) = f(0) + f'(0)x + \frac{1}{2!}f''(0)x^2 + \cdots$$
> $$+ \frac{1}{(n-1)!}f^{(n-1)}(0)x^{n-1} + \frac{1}{n!}f^{(n)}(a + \theta x)x^n$$
> ただし $0 < \theta < 1$ である．

演習問題

□ **2.2.1** 以下の関数 $f(x)$ について，平均値の定理を用いて $a < \xi < b$ を満足する ξ の値を求めよ．

(1) $f(x) = x^2$ (2) $f(x) = \dfrac{1}{x^2}$

□ **2.2.2** マクローリンの定理を用いて，次の関数 $f(x)$ について，指定された次数までの多項式で表しなさい．ただし，剰余項 R_n は省略してよい．

(1) $f(x) = \sin^2 x$ （x^6 まで）
(2) $f(x) = \dfrac{1}{1+x}$ （x^3 まで）
(3) $f(x) = \dfrac{1}{\cos x}$ （x^4 まで）

2.3 微分を応用した関数近似

2.3.1 テイラー展開

関数 $y = f(x)$ が閉区間 $a \leq x \leq b$ を含むある開区間で n 回微分可能であるとき，以下の式が成り立つ．

$$f(b) = f(a) + \frac{f'(a)}{1!}(b-a) + \frac{f''(a)}{2!}(b-a)^2 + \cdots$$
$$+ \frac{f^{(n-1)}(a)}{(n-1)!}(b-a)^{n-1} + R_n$$

2.3.2 マクローリン展開

マクローリン展開はテイラー展開をより限定的にした級数展開である．

関数 $y = f(x)$ が点 $x = 0$ を含む閉区間 I で n 回微分可能であれば，この区間 I 内で以下の式が成り立つ（ただし，$0 < \theta < 1$）．

$$f(x) = f(0) + \frac{f'(0)}{1!}x + \frac{f'(0)}{2!}x^2 + \cdots + \frac{f^{(n-1)}(0)}{(n-1)!}x^{n-1} + \frac{f^{(n)}(\theta x)}{n!}x^n$$

工学部で取り扱う様々な力学問題において，これら級数展開はよく用いられる．特に，振動問題などでは支配方程式（微分方程式）の解として，フーリエ級数展開もよく使われる．フーリエ級数展開は，マクローリン展開やテイラー展開とは異なり，三角関数の積分を利用した級数展開である．フーリエ級数展開を使った微分方程式の計算例はたくさんあり，それに関する書籍も豊富にそろっている．詳細については例えば「基礎から学ぶ微分方程式」（梅野ほか共著，共立出版，2013）を参考いただきたい．

演習問題

☐ **2.3.1** 以下の関数 $f(x)$ について，マクローリン展開を用いて 3 次の多項式で近似しなさい．

(1) $f(x) = \dfrac{\sin^{-1} x}{1 + 2x}$ (2) $f(x) = \dfrac{1}{\sqrt{1-x^2}}$ (3) $f(x) = \log(1+x)$

(4) $f(x) = (1+x)^{\frac{1}{x}}$ （ただし，$x \neq 0$）．$f(0) = e$ （e はネイピア数）

2.4 関数の特徴

2.4.1 極大・極小の計算

関数 $y = f(x)$ がある閉区間 I で微分可能であり，区間 I 内の点 $x = a$ で極値（極大値，あるいは極小値）を持つとする．極大値（あるいは極小値）を持つということは，点 $x = a$ 付近の関数値 $f(a+h)$ に比べ，関数値 $f(a)$ が常に大きい（極小値であれば常に小さい）ことを意味している．関数 $y = f(x)$ の極値を計算するために，以下の 2 つの定理が必要である．

定理 2.5 関数 $y = f(x)$ が点 $x = a$ の近くで微分可能であり，$f'(x)$ は連続であるとする．このとき，$f(x)$ が $x = a$ で極値をとれば，以下の式が成り立つ．

$$f'(a) = 0$$

定理 2.6 関数 $y = f(x)$ が点 $x = a$ の近くで 2 回微分可能で $f''(x)$ は連続であるとする．さらに，$f'(a) = 0$ を満足するとする．このとき，

  (a) $f''(a) > 0$ ならば，$f(x)$ は $x = a$ で極小値となる．

  (b) $f''(a) < 0$ ならば，$f(x)$ は $x = a$ で極大値となる．

では $f'(a) = 0$ かつ $f''(a) = 0$ の場合はどうなるか？ これは上の定理から考えると，極値をとらない点となる．なぜなら，$f'(x)$ が $x = a$ を境に符号が変わっていることがわからないからである．そこで，以下の定理を利用して極値の判定を行う．

定理 2.7 関数 $y = f(x)$ が点 $x = a$ の近くで n 回微分可能で $f^{(n)}(x)$ は連続であるとする．さらに，

$$f'(a) = f''(a) = \cdots = f^{(n-1)} = 0, \quad f^{(n)}(a) \neq 0$$

を満足するとする．このとき

  (a) n が偶数の場合；

      • $f^{(n)}(a) > 0$ であれば，関数 $f(x)$ は点 $x = a$ で極小になる．

      • $f^{(n)}(a) < 0$ であれば，関数 $f(x)$ は点 $x = a$ で極大になる．

30 第 2 章　1 変数関数の微分

(b)　n が奇数の場合：

- $f^{(n)}(a) > 0$ であれば，関数 $f(x)$ は点 $x = a$ で増加の状態にある（極値とはいえない）．
- $f^{(n)}(a) < 0$ であれば，関数 $f(x)$ は点 $x = a$ で減少の状態にある（極値とはいえない）．

2.4.2　n 位の接触

定義2.1　2 つの曲線 $y = f(x)$, $y = g(x)$ において，
$$f(a) = g(a),\ f'(a) = g'(a),\ \ldots,\ f^{(n)}(a) = g^{(n)}(a),\ f^{(n+1)}(a) \neq g^{(n+1)}(a)$$
であるとき，この 2 曲線は $(a, f(a))$ で n 位の接触をするという．

(1)　1 位の接触をする直線は接線である．

点 $x = x_0$, $y = y_0 = f(x_0)$ を通る直線を $y = k(x - x_0) + y_0$ とする．

1 位の接触の定義によれば，$f'(x_0) = k$ となる．

よって，1 位の接触をする直線は：$y = f'(x_0)(x - x_0) + y_0$ であり，点 $x = x_0$, $y = y_0$ を通る曲線 $y = f(x)$ の接線である．

(2)　2 位の接触をする円は，半径が曲率半径に等しい円である（曲率円という）．

円の方程式を $(x - a)^2 + (y - b)^2 = r^2$ とする．よって，
$$(x - a) + (y - b)y' = 0, \quad 1 + y'^2 + (y - b)y'' = 0$$

点 $x = x_0$, $y = y_0$ において 2 位の接触をするので，上の各式中の x, y, y', y'' を x_0, y_0, y_0', y_0'' で置き換えることができる．

$$(x_0 - a)^2 + (y_0 - b)^2 = r^2$$
$$(x_0 - a) + (y_0 - b)y_0' = 0$$
$$1 + y_0'^2 + (y_0 - b)y_0'' = 0$$

ゆえに，

$$a = x_0 - \frac{(1 + y_0'^2)y_0'}{y_0''}, \quad b = y_0 + \frac{1 + y_0'^2}{y_0''}, \quad r = \frac{(1 + y_0'^2)^{\frac{3}{2}}}{|y_0''|}$$

曲率円の中心 (a, b) の軌跡を**縮閉線**という．

2.4 関数の特徴　　**31**

2.4.3　包絡線，縮閉線の計算

定義 2.2　$(x - a)^2 + y^2 = 1$ は，a をある 1 つの値に固定すると，1 本の曲線であるが，a の値がいろいろに変わると，多くの曲線の集まりとなり，**曲線群**という．

　これらの曲線群のすべてに接する線を**包絡線**という．

　曲線群 $f(x, y, \alpha) = 0$ の包絡線を求める手順を以下に示す．

手順 (1)　連立方程式を解く

$$\begin{cases} f(x, y, a) = 0 \\ f_a(x, y, a) = 0 \end{cases}$$

手順 (2)　特異点のチェック

$$\begin{cases} f_x(x, y, a) = 0 \\ f_y(x, y, a) = 0 \end{cases}$$

を満たすものは特異点である．

　上述の包絡線を求める式の導出を以下に示す．

【導出 (1)】　曲線群 $f(x, y, a) = 0$ の包絡線を

$$x = \varphi(a), \quad y = \psi(a)$$

とする．このとき，1 つの a に，曲線群には一本の曲線が，包絡線には 1 つの点がそれぞれ対応していることに注意されたい．

【導出 (2)】　包絡線の点は曲線の上にあるので，

$$f(x, y, a) = 0$$

即ち，

$$f(\varphi(a), \psi(a), a) = 0$$

【導出 (3)】　包絡線の接線の傾き m_1 は

$$m_1 = \frac{dy}{dx} = \frac{\psi'(a)}{\varphi'(a)}$$

であり，曲線の接線の傾き m_2 は

32　　　　　　　　第 2 章　1 変数関数の微分

$$m_2 = \frac{dy}{dx} = -\frac{f_x}{f_y} \quad \left(f_x + f_y \frac{dy}{dx} = 0 \right)$$

と同じであるので，

$$-\frac{f_x}{f_y} = \frac{\psi'(a)}{\varphi'(a)}$$

即ち，

$$f_x \varphi' + f_y \psi' = 0$$

【導出 (4)】　式 $f(\varphi(a), \psi(a), a) = 0$ を a に対して微分すると，

$$f_x \varphi' + f_y \psi' + f_a = 0$$

したがって，

$$f_a = 0$$

【導出 (5)】　包絡線は

$$\begin{cases} f(x, y, a) = 0 \\ f_a(x, y, a) = 0 \end{cases}$$

から求まる.

【導出 (6)】　$f_y = 0$, $f_x \neq 0$ のとき，曲線の接線の傾き m_2 は無限大となり，y 軸に平行になる．したがって，包絡線の接線も y 軸に平行にすればよい．よって，$\varphi'(a) = 0$ が成り立つ．これによって，$f_a = 0$ が成り立つ.

【導出 (7)】　$f_x = 0$, $f_y = 0$ の点は，特異点の軌跡である．そのとき，包絡線にはならないが，式は依然として成り立つ.

2.4.4　曲率とその計算

　曲率とは，曲線 $y = f(x)$ の局所的な曲がり度合いを表す指標である．すなわち，曲線 $y = f(x)$ を無数の円弧の集合と見なし，各 x での円弧の曲率半径 ρ の逆数を**曲率**と呼ぶ．今，曲率を κ という記号で表し，以下では関数 $y = f(x)$ の任意の x における κ の導出を説明する．図 2.2 のように，曲線 $y = f(x)$ 上の点 P, Q を考える．曲線 PQ は一定の曲率 κ（あるいは曲率半径 $\rho = \frac{1}{\kappa}$）の円弧上にのっているとする．このとき，円弧 $\overset{\frown}{PQ}$ の長さを ΔS で，また，点 P と Q における曲線の接線と x 軸とのなす角度をそれぞれ θ と $\theta + \Delta\theta$ で表す．このとき，曲率 κ を以下のように定義する.

2.4 関数の特徴

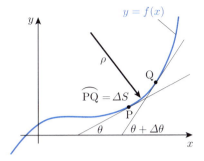

図 2.2　曲率 κ の定義

$$\kappa = \lim_{\Delta S \to 0}\left|\frac{\Delta \theta}{\Delta S}\right| = \left|\frac{d\theta}{dS}\right|$$

ここで絶対値がついているのは曲率あるいは曲率半径の大きさを定義しているためである（参考書によっては曲率の向きの正負を考慮して絶対値を外しているものもある）．2 点 P, Q は近接しており，微小長さ dS, dx, dy の間で三平方の定理を適用すると

$$dS \simeq \sqrt{dx^2 + dy^2} = \sqrt{1 + \left(\frac{dy}{dx}\right)^2}\,dx = \sqrt{1 + \{f'(x)\}^2}\,dx$$

と近似できる．一方，点 P における接線の傾き $\frac{dy}{dx} = f'(x)$ と角度 θ との間の関係は

$$\theta = \tan^{-1}\left(\frac{dy}{dx}\right)$$

が成り立つので，その微小量は以下の式で表される．

$$d\theta = \frac{\frac{d^2y}{dx^2}}{1 + \left(\frac{dy}{dx}\right)^2}\,dx = \frac{f''(x)}{1 + \{f'(x)\}^2}\,dx$$

したがってこれら 2 式を使うことで，曲率 κ に関する以下の式が導出できる．

$$\kappa = \frac{|f''(x)|}{\{1 + (f'(x))^2\}^{\frac{3}{2}}}$$

上式を用いることで，任意の x における曲率 κ や曲率半径 $\rho\ (=\frac{1}{\kappa})$ を求めることができる．

さて，「曲線を無数の円弧で近似する」ということは，当然ながらその円弧の中心座標が必要となる．前節で求めた曲率円の中心 (a, b) がそれにあたる．また，前節で求めた曲率円の半径 r と曲率半径 $\rho\ (= \frac{1}{\kappa})$ は完全に一致する．

演習問題

2.4.1 関数 $f(x) = \sin^{-1} x$（ただし $0 < x < 1$）について考える．
(1) $f(x)$ の導関数 $f'(x)$ および第 2 次導関数 $f''(x)$ を求めよ．
(2) $x = 0$ における第 3 次導関数 $f'''(0)$ を求めよ．

2.4.2 関数 $f(x) = \frac{1}{2}\log(1 + x^2) - \frac{1}{\sqrt{3}}\tan^{-1} x$ を考える．
(1) $f(x)$ の導関数 $f'(x)$ を求めよ．
(2) $f'(x) = 0$ の解 x を求めよ．

2.4.3 曲線 $C: y = \frac{x^2}{2}$ を考える．
(1) C 上の点 $(x, y) = \left(\alpha, \frac{\alpha^2}{2}\right)$ における法線の式を，α を用いて表しなさい．
(2) 小問 (1) で求めた法線を，パラメータ α を助変数とする曲線群と見なしたとき，この曲線群の包絡線を求めよ．

2.4.4 方程式 $x^{\frac{2}{3}} + y^{\frac{2}{3}} = 1$ で表される曲線上の点 (x_0, y_0) における曲率と縮閉線（曲率円の中心の軌跡）を求めよ．

第3章

1 変数関数の積分

　この章では，1変数関数の積分について説明する．まず不定積分を定義し，微分との関わりを理解する．その後，様々な関数の不定積分について説明する．これらの式についていくつか証明を見せるが，公式のように必要に応じて確認すればよい．次に不定積分の形を利用した微分方程式の計算方法について説明する．最後に積分区間が定まった定積分について，基本的な定理，性質を確認しながらその計算方法を学ぶ．

3.1 不定積分とその計算

3.1.1 不定積分の定義とよく用いられる公式

> **定義 3.1**　関数 $F(x)$ の導関数 $F'(x)$ が関数 $f(x)$ に等しいとき，$F(x)$ を $f(x)$ の**原始関数**という．また，$F(x) + C$（ただし，C は**積分定数**と呼ばれる定数）もまた原始関数という．そして $f(x)$ の原始関数全体を
>
> $$\int f(x)\,dx$$
>
> と表す．この積分を**不定積分**と呼び，$f(x)$ を**被積分関数**という．

　原始関数 $F(x)$ と被積分関数 $f(x)$ との関係を図 3.1 に示す．各 x における導関数を無数に集めて曲線 $y = F(x)$ を描くともいえる．ただし，導関数はあくまでも各 x に関する微分なので，$y = F(x)$ のグラフは任意の定数 C を使っていくらでも描くことができる．

　以下によく使われる不定積分を記す．なお，積分定数 C は省略し，式中の α, A, a は 0 でない定数とする．

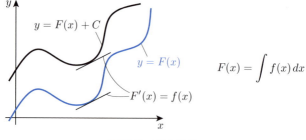

図 3.1　不定積分

- 指数関数，べき関数に関する不定積分：

$$\int x^\alpha\, dx = \frac{x^{\alpha+1}}{\alpha+1} \quad (\alpha \neq -1)$$

$$\int e^{ax}\, dx = \frac{e^{ax}}{a}$$

- 対数関数に関する不定積分：

$$\int \frac{1}{x}\, dx = \log|x|$$

$$\int \log|x|\, dx = x\log|x| - x$$

- 三角関数に関する不定積分：

$$\int \sin ax\, dx = -\frac{1}{a}\cos ax$$

$$\int \cos ax\, dx = \frac{1}{a}\sin ax$$

$$\int \frac{1}{\cos^2 ax}\, dx = \frac{1}{a}\tan ax$$

$$\int \frac{1}{\sin^2 ax}\, dx = -\frac{1}{a\tan ax}$$

3.1 不定積分とその計算　　**37**

● 双曲線関数に関する不定積分；

$$\int \sinh ax \, dx = \frac{1}{a} \cosh ax$$

$$\int \cosh ax \, dx = \frac{1}{a} \sinh ax$$

● その他よく使われる不定積分；

$$\int \frac{1}{x^2 + a^2} \, dx = \frac{1}{a} \tan^{-1} \frac{x}{a}$$

$$\int \frac{1}{x^2 - a^2} \, dx = \frac{1}{2a} \log \left| \frac{x-a}{x+a} \right|$$

$$\int \frac{1}{\sqrt{a^2 - x^2}} \, dx = \sin^{-1} \frac{x}{a} \quad (a > 0)$$

$$\int \frac{1}{\sqrt{x^2 + A}} \, dx = \log \left| x + \sqrt{x^2 + A} \right|$$

$$\int \sqrt{a^2 - x^2} \, dx = \frac{1}{2} \left(x\sqrt{a^2 - x^2} + a^2 \sin^{-1} \frac{x}{a} \right) \quad (a > 0)$$

$$\int \sqrt{x^2 + A} \, dx = \frac{1}{2} \left(x\sqrt{x^2 + A} + A \log \left| x + \sqrt{x^2 + A} \right| \right)$$

3.1.2　置換積分法

置換積分法とはその名の通り，被積分関数内の変数 x を別の変数 t を持つ関数に置換したものを積分した計算手法である．

置換積分

$$F(x) = \int f(x) \, dx$$

$x = g(t)$ とすると

$$\frac{dF(g(t))}{dt} = \frac{dF}{dx} \cdot \frac{dx}{dt} = f(x)g'(t) = f(g(t))g'(t)$$

これより

$$F(x) = F(g(t)) = \int f(g(t))g'(t) \, dt$$

38　　　　　　　　　第 3 章　1 変数関数の積分

3.1.3　部分積分法

部分積分法とは，微分の連鎖律を応用した計算手法の一種である．

> **部分積分**
>
> 　2 種類の関数を $u = f(x)$, $v = g(x)$ としたとき，積分に関して次の式が成り立つ．
>
> $$\int u'v \, dx = uv - \int uv' \, dx$$

3.1.4　不定積分の応用

● 置換積分法を利用した積分計算

　置換積分をうまく利用することで，様々な積分計算を容易に行うことができる．ここでは 1 例として，三角関数を活用した例を示す．

[1]　$\sin x = t$ とおくと，$\cos x \, dx = dt$ より

$$\int f(\sin x) \cos x \, dx = \int f(t) \, dt$$

同様にして，$\cos x = t$ とおくと，$-\sin x \, dx = dt$ より

$$\int f(\cos x) \sin x \, dx = -\int f(t) \, dt$$

[2]　$\tan \frac{x}{2} = t$ とおくと，$dx = 2\cos^2 \frac{x}{2} \, dt = \frac{2\,dt}{1+t^2}$，また，半角の公式より $\cos x = \frac{1-t^2}{1+t^2}$, $\sin x = \frac{2t}{1+t^2}$ なので

$$\int f(\sin x) \, dx = f\left(\frac{2t}{1+t^2}\right) \frac{2\,dt}{1+t^2}$$

$$\int f(\cos x) \, dx = f\left(\frac{1-t^2}{1+t^2}\right) \frac{2\,dt}{1+t^2}$$

が成り立つ．

[3]　$\tan x = t$ とおくと，$\frac{1}{\cos^2 x} \, dx = dt$ より $dx = \cos^2 x \, dt = \frac{dt}{1+t^2}$, $\sin^2 x = 1 - \cos^2 x = \frac{t^2}{1+t^2}$ なので

$$\int f(\tan^2 x) \, dx = \int \frac{f(t^2)}{1+t^2} \, dt$$

3.1 不定積分とその計算

$$\int f(\sin^2 x)\,dx = \int f\left(\frac{t^2}{1+t^2}\right)\frac{dt}{1+t^2}$$

$$\int f(\cos^2 x)\,dx = \int f\left(\frac{1}{1+t^2}\right)\frac{dt}{1+t^2}$$

が成り立つ.

以下では $a > 0$ の定数とする.

[4] $x = a\tan\theta$ とおくと,

$$\int f(\sqrt{x^2 + a^2})\,dx = \int f(a\sec\theta)a\sec^2\theta\,d\theta$$

ただし, $-\frac{\pi}{2} < \theta < \frac{\pi}{2}$ であり, この範囲で $\sec\theta > 0$ を満足する.

[5] $x = a\sin\theta$ とおくと,

$$\int f(\sqrt{a^2 - x^2})\,dx = \int f(a\cos\theta)a\cos\theta\,d\theta$$

ただし, $-\frac{\pi}{2} \leq \theta \leq \frac{\pi}{2}$ であり, この範囲で $\cos\theta > 0$ を満足する.

[6] $x = a\sec\theta$ とおくと,

$$\int f(\sqrt{x^2 - a^2})\,dx = \int f(\pm a\tan\theta)a\sec\theta\tan\theta\,d\theta$$

ただし, $-0 \leq \theta \leq \pi, \theta \neq \frac{\pi}{2}$ であり, 上式内の符号 $\pm$ は x の正負による.

● 部分積分法を利用した漸化式の積分計算

被積分関数に $f(x) = e^{ax}$ のような指数関数や周期性を持つ三角関数を含む場合, 先の部分積分を利用した場合, 漸化式が得られる場合がある. 漸化式を解くことで, 積分計算を 1 つずつ進めることができる. 以下は三角関数を用いた漸化式の計算で, 工学の問題でもよく出てくるものを紹介する. ただし, 式中の n は $n \geq 2$ の整数を表す.

[7]

$$I_n = \int \sin^n x\,dx$$

とおけば, 以下の漸化式が成り立つ.

$$I_n = \frac{-\sin^{n-1} x\cos x}{n} + \frac{n-1}{n}I_{n-2}$$

40　　　　　　第3章　1変数関数の積分

[8]

$$J_n = \int \cos^n x \, dx$$

とおけば，以下の漸化式が成り立つ．

$$J_n = \frac{\sin x \cos^{n-1} x}{n} + \frac{n-1}{n} J_{n-2}$$

[9]

$$T_n = \int \tan^n x \, dx$$

とおけば，以下の漸化式が成り立つ．

$$T_n = \frac{\tan^{n-1} x}{n-1} - \frac{n-1}{n} T_{n-2}$$

　$n < 0$ の場合は 3.1.2 項で示した置換積分を用いて計算すればよい．さらに，より一般的な漸化式として，整数 m, n を用いた $\int \sin^m x \cos^n x \, dx$ を考える．これも部分積分を利用して計算すればよく，以下にはその結果のみを示す．

$$I(m, n) = \int \sin^m x \cos^n x \, dx$$

とおくと，

[10]　$m + n \neq 0, n > 0$ のとき

$$I(m, n) = \frac{\sin^{m+1} x \cos^{n-1} x}{m + n} + \frac{n-1}{m+n} I(m, n-2)$$

[11]　$n \neq -1, n < 0$ のとき

$$I(m, n) = -\frac{\sin^{m+1} x \cos^{n+1} x}{n + 1} + \frac{m+n+2}{n+1} I(m, n+2)$$

[12]　$m + n \neq 0, m > 0$ のとき

$$I(m, n) = -\frac{\sin^{m-1} x \cos^{n+1} x}{m + n} + \frac{m-1}{m+n} I(m-2, n)$$

[13]　$m \neq -1, m < 0$ のとき

$$I(m, n) = \frac{\sin^{m+1} x \cos^{n+1} x}{m + 1} + \frac{m+n+2}{m+1} I(m+2, n)$$

演習問題

3.1.1 以下の分数関数の不定積分を計算しなさい．

(1) $\displaystyle\int \frac{1}{x^2+4x+13}\,dx$

(2) $\displaystyle\int \frac{x+1}{x(x^2+1)}\,dx$

3.1.2 置換積分法を利用して，以下の不定積分を計算しなさい．

(1) $\displaystyle\int x\cos(x^2+1)\,dx$

(2) $\displaystyle\int \frac{1}{x\log x}\,dx$

3.1.3 部分積分法を利用して，以下の不定積分を計算しなさい．

(1) $\displaystyle\int \arctan x\,dx$

(2) $\displaystyle\int \frac{\sin 3x}{e^{2x}}\,dx$

3.1.4 0 以上の整数 n について

$$I_n = \int x^n e^x\,dx$$

とおくとき，次の問に答えなさい．

(1) $n \geq 1$ のとき，等式 $I_n = x^n e^x - nI_{n-1}$ が成り立つことを示しなさい．

(2) I_0, I_1, I_2 を求めよ．

42　　　　　　　第 3 章　1 変数関数の積分

3.2　微分方程式とその計算

微分方程式には，大きく分けて 2 種類（常微分方程式と偏微分方程式）がある．前者は独立変数が 1 つの微分方程式，後者は独立変数が 2 種類以上の微分方程式を指す．以下では常微分方程式（独立変数が x）

$$F(x, y, y', \dots, y^n) = 0$$

の解き方について説明する．

「微分方程式を解く」ためには積分計算が必要となる．そして「微分方程式を解く」とは，不定積分を利用した一般解の算出と，各種条件（初期条件や境界条件）を考慮した特殊解の算出に分類できる．力学の問題を数値的に解く際，微分方程式の演算は避けては通れない問題であり，紙とペンを持って理論的に解くか有限要素法などの数値シミュレーション解析手法を用いて数値的に解くことが求められる．以下では，基本的な 3 種類の微分方程式（変数分離形，同次形，1 階線形微分方程式）について，理論的に解く方法を説明する．微分方程式の計算についてはこの本だけでは十分ではないので，例えば「基礎から学ぶ微分方程式」（梅野ほか共著，共立出版，2013）も参考にした方がよい．

3.2.1　変数分離形

$$\frac{dy}{dx} = f(x)g(y)$$

の形をなす微分方程式を**変数分離形**の微分方程式と呼ぶ．この場合，以下の式を用いて従属変数 y の解を求めればよい．

$$\int \frac{dy}{g(y)} = \int f(x)\, dx$$

3.2.2 同　次　形

$$\frac{dy}{dx} = f\left(\frac{y}{x}\right)$$

の形をなす微分方程式を**同次形**の微分方程式と呼ぶ．この場合，以下の方法を用いて従属変数 y の解を求めればよい．

$\frac{y}{x} = u$ とおく．即ち，$y = ux$ なので

$$\frac{dy}{dx} = \frac{du}{dx}x + u$$

となる．このとき，

$$f\left(\frac{y}{x}\right) = f(u) = \frac{du}{dx}x + u$$

より，

$$\frac{du}{f(u) - u} = \frac{dx}{x}$$

が導出され，これ以降は変数分離形と同様の手続きをとればよい．即ち，

$$\int \frac{du}{f(u) - u} = \int \frac{dx}{x} = \log|x| + C$$

3.2.3　1階線形微分方程式

1階線形微分方程式とは，以下の形で表される方程式を指す．

$$y' + P(x)y = Q(x)$$

ここで，$P(x)$ と $Q(x)$ は x の関数を指し，定数も含まれる．1階は微分の回数を指し，線形とは y と y' の積を含まないことを示している．この場合，以下の式を用いて従属変数 y の解が得られる．

$$y = e^{-\int P(x)\,dx}\left[\int e^{\int P(x)\,dx}Q(x)\,dx + C\right]$$

ここで，C は積分定数を示す．

44　　　　　　　第3章　1変数関数の積分

3.2.4　完全微分方程式

> 　**完全微分方程式**とは，以下の形で表される方程式を指す．
>
> $$P(x, y)\, dx + Q(x, y)\, dy = 0$$
>
> ただし，$P(x, y)$ と $Q(x, y)$ は以下の関係を満足する．
>
> $$\frac{\partial P}{\partial y} = \frac{\partial Q}{\partial x}$$
>
> そしてこの完全微分方程式を満足する解（一般解）は以下の方程式を満足する解として計算できる．
>
> $$\int P(x, y)\, dx + \int \left[Q(x, y) - \frac{\partial}{\partial y} \int P(x, y)\, dx \right] dy = c$$

　上記の解は以下の方法でも計算できる．例えば完全微分方程式の解を $u(x, y)$ とおく．$\frac{\partial u}{\partial x} = P(x, y)$ と見なして u を x で積分する（積分定数は y も含まれる $C(y)$ となる）．そして得られた解 $u(x, y)$ を y で偏微分した関数と $Q(x, y)$ を比較し，u が決定される．

▮▮▮　　　　　演 習 問 題　　　　　▮▮▮

☐ **3.2.1**　以下の1階微分方程式を解きなさい．ただし，$y' = \frac{dy}{dx}$ とする．

(1)　$(15x + 11y)\, dx + (9x + 5y)\, dy = 0$

(2)　$(1 + x^2)\dfrac{dy}{dx} = \dfrac{x}{y}$, ただし，$x = 0$ のとき $y = 1$.

(3)　$\dfrac{dy}{dx} = \dfrac{3x + y - 4}{3y - x - 2}$

(4)　$\dfrac{dy}{dx} = \dfrac{xy}{x^2 + y^2}$

(5)　$(x^3 + 2xy + y)\, dx + (y^3 + x^2 + x)\, dy = 0$

(6)　$\dfrac{dy}{dx} = 10\sin x - 3y$

3.3 定積分とその計算

3.3.1 基本的な考え方

定積分とは，閉区間（例えば $a \leq x \leq b$）での積分演算を指し，$\int_a^b f(x)\,dx$ などと表記する．即ち，閉区間において，任意の x における関数値 $f(x)$ を高さ（負の値もありうる），dx を幅とする四角形の面積の総和と見なしてよい（図 3.2）．その場合，積分計算で得られるのは不定積分のような x を含む関数ではなく値である．

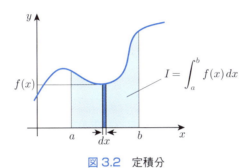

図 3.2 定積分

以下，定積分に関する重要な定理を示す．

定理 3.1 関数 $f(x)$ が $a \leq x \leq b$ で連続であれば，$f(x)$ の $a \leq x \leq b$ における積分も連続である．

定理 3.2 閉区間 $a \leq x \leq b$ で常に $g(x) \geq 0$（または常に $g(x) \leq 0$）であれば，以下の等式を満たす ξ（$\alpha \leq \xi \leq \beta$）が存在する．

$$\int_a^b f(x)g(x)\,dx = f(\xi)\int_a^b g(x)\,dx$$

特に，$g(x) = 1$ の場合，以下の等式を満たす ξ（$\alpha \leq \xi \leq \beta$）が存在する．

$$\int_a^b f(x)\,dx = (b-a)f(\xi)$$

46　　　　　　第 3 章　1 変数関数の積分

定理 3.3　閉区間 $a \leq x \leq b$ 内の x に対して

$$\int_\alpha^x f(t)\, dt = S(x)$$

とおくと，$S'(x) = f(x)$ が成り立つ．即ち，$S(x)$ は $f(x)$ の原始関数の 1 つである．

定理 3.4　$F(x)$ を $f(x)$ の任意の原始関数とすれば，次の式が成り立つ．

$$\int_a^b f(x)\, dx = F(b) - F(a)$$

定理 3.5　$\eta(x_1) = 0$, $\eta(x_2) = 0$ を満たす任意の関数 $\eta(x)$ に対して，$x_1 \leq x \leq x_2$ で連続な関数 $f(x)$ が次式

$$\int_{x_1}^{x_2} \eta(x) f(x)\, dx = 0$$

を満足するとき，$f(x) \equiv 0$ である．

以下，$a \leq x \leq b$ で連続な関数 $f(x)$ と $g(x)$ について考える．定積分の定義から，以下の公式が得られる．

$$\int_b^a f(x)\, dx = -\int_a^b f(x)\, dx$$

$$\int_a^b \{f(x) + g(x)\}\, dx = \int_a^b f(x)\, dx + \int_a^b g(x)\, dx$$

$$\int_a^c f(x)\, dx = \int_a^b f(x)\, dx + \int_b^c f(x)\, dx \quad (\text{ただし，}\ a \leq c \leq b)$$

3.3.2 定積分の計算

定積分の計算もまた，不定積分と同様に置換積分法や部分積分法を利用できる．以下それらの解法をまとめる．

- **置換積分法**

  $x = g(t)$ $(\alpha \le t \le \beta)$, $x_1 = \alpha$, $x_2 = \beta$ と置き換えたとき，以下の式で積分が計算できる．

  $$\int_{x_1}^{x_2} f(x)\,dx = \int_{g(\alpha)}^{g(\beta)} f(x)\,dx = \int_{\alpha}^{\beta} f(g(t))f'(t)\,dt$$

- **部分積分法**

  $u = f(x)$, $v = g(x)$ について，以下の式で積分が計算できる．

  $$\int_a^b u'v\,dx = \Big[uv\Big]_a^b - \int_a^b uv'\,dx$$

定積分の計算に関し，頻繁に用いる式を以下に示す．

┌─ 奇関数・偶関数に関する公式 ─────────────

- $f(x)$ が奇関数ならば，

$$\int_{-a}^{a} f(x)\,dx = 0$$

- $f(x)$ が偶関数ならば，

$$\int_{-a}^{a} f(x)\,dx = 2\int_{0}^{a} f(x)\,dx$$

- 任意の関数 $f(x)$ に対し，

$$\int_{0}^{a} f(x)\,dx = \int_{0}^{a} f(a-x)\,dx$$

- $\displaystyle\int_{0}^{\pi} f(\sin x)\,dx = 2\int_{0}^{\frac{\pi}{2}} f(\sin x)\,dx$

- $\displaystyle\int_{-\frac{\pi}{2}}^{\frac{\pi}{2}} f(\cos x)\,dx = 2\int_{0}^{\frac{\pi}{2}} f(\cos x)\,dx$

48 第 3 章　1 変数関数の積分

漸化式を利用した三角関数に関する公式（その 1）

n は $n > 0$ を満たす整数とする.

$$I_n = \int_0^{\frac{\pi}{2}} \sin^n x \, dx, \quad J_n = \int_0^{\frac{\pi}{2}} \cos^n x \, dx$$

とおくと,

$$I_n = J_n$$

$$= \begin{cases} \dfrac{(n-1)(n-3)\cdots 3 \cdot 1}{n(n-2)\cdots 4 \cdot 2} \cdot \dfrac{\pi}{2} = \dfrac{(n-1)!!}{n!!} \cdot \dfrac{\pi}{2} & (n \text{ が偶数の場合}) \\[4mm] \dfrac{(n-1)(n-3)\cdots 4 \cdot 2}{n(n-2)\cdots 3 \cdot 1} = \dfrac{(n-1)!!}{n!!} & (n \text{ が奇数の場合}) \end{cases}$$

さらに

漸化式を利用した三角関数に関する公式（その 2）

自然数 m, n に対し,

$$I_{mn} = \int_0^{\frac{\pi}{2}} \sin^m x \cos^n x \, dx, \quad J_{mn} = \int_0^{\frac{\pi}{2}} \sin^n x \cos^m x \, dx$$

とおくと,

- m, n がともに偶数の場合；

$$I_{mn} = J_{mn} = \frac{(m-1)!! \, (n-1)!!}{(m+n)!!} \cdot \frac{\pi}{2}$$

- m と n のうち, 少なくともどちらか一方が奇数の場合；

$$I_{mn} = J_{mn} = \frac{(m-1)!! \, (n-1)!!}{(m+n)!!}$$

3.4 広義積分

これまでに，関数 $f(x)$ が有界閉集合（例えば $a \leq x \leq b$）で連続である場合の積分を考えてきたが，ここでは，その拡張として，関数が非有界関数の場合と，積分領域が非有界集合の場合を考える．ここで考える広義積分は，主に以下の5つの型を取り扱う．

(1) 関数 $f(x)$ が $a < x \leq b$ で連続な場合；

$$\int_a^b f(x)\,dx = \lim_{\varepsilon \to +0} \int_{a+\varepsilon}^b f(x)\,dx$$

(2) 関数 $f(x)$ が $a \leq x < b$ で連続な場合；

$$\int_a^b f(x)\,dx = \lim_{\varepsilon \to +0} \int_a^{b-\varepsilon} f(x)\,dx$$

(3) 関数 $f(x)$ が $a \leq x < +\infty$ で連続な場合；

$$\int_a^{+\infty} f(x)\,dx = \lim_{b \to +\infty} \int_a^b f(x)\,dx$$

(4) 関数 $f(x)$ が $-\infty < x \leq b$ で連続な場合；

$$\int_{-\infty}^b f(x)\,dx = \lim_{a \to -\infty} \int_a^b f(x)\,dx$$

(5) 関数 $f(x)$ が $-\infty < x < +\infty$ で連続な場合；

$$\int_{-\infty}^{+\infty} f(x)\,dx = \lim_{N \to +\infty} \left\{ \lim_{M \to -\infty} \int_M^N f(x)\,dx \right\}$$

これら (1)〜(5) で，右辺の極限値が存在するとき，左辺の広義積分は収束するという．また，極限値が存在しないとき，発散するという．

3.4.1 非有界関数の場合

$$\int_0^A r^\alpha \, dr = \frac{1}{\alpha+1} r^{\alpha+1} \bigg|_0^A$$

より，その積分値が有限な値になるために，以下の条件が必要となる．

$$\alpha + 1 > 0 \quad 即ち，\quad \alpha > -1$$

このことから，$f(x) = (x-a)^\alpha \ (\alpha < 0)$ で $\lim_{x \to a} f(x) = \infty$ であっても，$-1 < \alpha < 0$ であれば，広義積分 $\int_a^A f(x)\,dx$ が存在する．

3.4.2 非有界領域の場合

$$\int_A^\infty r^\alpha\,dr = \frac{1}{\alpha+1} r^{\alpha+1}\Big|_A^\infty$$

より，その積分値が有限な値になるために，以下の条件が必要となる．

$$\alpha + 1 < 0 \quad \text{即ち，} \quad \alpha < -1$$

このことから，$x \to \infty$ で，関数 $f(x)$ が，$\lim_{x \to \infty} f(x) = x^\alpha \ (\alpha < -1)$ のような無限小であれば，広義積分 $\int_A^\infty f(x)\,dx$ が存在する．

演習問題

☐ **3.4.1** 以下の定積分を計算しなさい．

(1) $\displaystyle\int_0^1 \frac{x^5}{\sqrt{1+x^3}}\,dx$ (2) $\displaystyle\int_{-\frac{\pi}{4}}^{\frac{\pi}{4}} \frac{dx}{\cos^4 x}$ (3) $\displaystyle\int_1^2 \frac{dx}{\sqrt{x^2+1}}$

☐ **3.4.2** 以下の広義積分を計算しなさい．

(1) $\displaystyle\int_1^\infty \frac{dx}{x(x+1)}$ (2) $\displaystyle\int_0^\infty \frac{dx}{(1+e^x)^2}$ (3) $\displaystyle\int_1^\infty \frac{dx}{x\sqrt{x^2-1}}$

(4) $\displaystyle\int_0^{\frac{\pi}{2}} \frac{dx}{\sin x \cos x}$ (5) $\displaystyle\int_0^1 \log x\,dx$

3.5 定積分の応用

定積分の計算を使って，座標平面上の閉曲線で囲まれた部分の面積や，座標空間における平曲面内部の体積を計算することができる．さらに，曲線の長さの計算にも応用できる．以下ではそれぞれの計算について説明する．なお，座標平面上の曲線の表し方として，関数形（直交座標系で $y = f(x)$ や極座標系で $r = f(\theta)$）やパラメータ t を介した表示（$x = f(t), y = g(t)$）があるが，それぞれの形に応じて計算できる公式を整理する．

3.5.1 面 積

まず，x 軸と曲線との間の面積について；

閉区間 $a \leq x \leq b$ において，曲線 $y = f(x)$ と x 軸および 2 直線 $x = a$，$x = b$ で囲まれた部分の面積を S とすると，

$$S = \int_a^b \left| f(x) \right| dx$$

となる．特に，閉区間 $a \leq x \leq b$ において，$f(x) \geq 0$ を満足するならば

$$S = \int_a^b f(x) \, dx$$

となる．

次に 2 曲線の間の面積について；

閉区間 $a \leq x \leq b$ において，2 曲線 $y = f(x)$ と $y = g(x)$ および 2 直線 $x = a$, $x = b$ で囲まれた部分の面積を S とすると，

$$S = \int_a^b \left| f(x) - g(x) \right| dx$$

となる．特に，閉区間 $a \leq x \leq b$ において，$f(x) \geq g(x)$ を満足するならば

$$S = \int_a^b \{ f(x) - g(x) \} \, dx$$

となる．

52　　　　　　　　第3章　1変数関数の積分

それではパラメータ t を用いた表示（$x = f(t)$, $y = g(t)$）の場合については
どうなるかを考えると，基本的には置換積分と同様の方法で計算できる．即ち，

> 閉区間 $a \leq x \leq b$ において，曲線 $x = f(t)$ と x 軸および2直線 $x = a\Big|_{t=t_1}$,
> $x = b\Big|_{t=t_2}$ で囲まれた部分の面積を S とすると，
>
> $$S = \int_a^b |y|\, dx = \int_{t_1}^{t_2} |g(t)|\, f'(t)\, dt$$

さらに，極座標によって表現された曲線（$r = f(\theta)$）の場合：

> 曲線 $r = f(\theta)$ と2つの半直線 $\theta = \alpha$, $\theta = \beta$ で囲まれた部分の面積を S と
> すると，
>
> $$S = \frac{1}{2} \int_\alpha^\beta r^2\, d\theta = \frac{1}{2} \int_\alpha^\beta \{f(\theta)\}^2\, d\theta$$

3.5.2　体　積

> 一定の断面積 S を持ち，高さ h を持つ立体の体積を V とすると $V = Sh$
> である．断面積がある軸 x に沿って変化する場合（$S = S(x)$），$a \leq x \leq b$
> の範囲におけるその立体の体積 V は
>
> $$V = \int_a^b S(x)\, dx$$

3.5.3　曲線の長さ

> xy 座標平面上の曲線において，曲線上の微小長さを ds とすると，その長
> さは三平方の定理より $ds = \sqrt{dx^2 + dy^2} = \sqrt{1 + \left(\frac{dy}{dx}\right)^2}\, dx$ で表される．し
> たがって，閉区間 $a \leq x \leq b$ における曲線の長さ s は
>
> $$s = \int_{s_1}^{s_2} ds = \int_a^b \sqrt{1 + \left(\frac{dy}{dx}\right)^2}\, dx$$

以下にそれぞれの曲線の表し方における曲線の長さ s の求め方を整理する．

[1] $y = f(x)$ の場合（積分区間 $a \leq x \leq b$ とする）:
$$s = \int_a^b \sqrt{1 + \{f'(x)\}^2}\, dx$$

[2] パラメータ表示（$x = f(t), y = g(t)$）の場合（積分区間 $t_1 \leq t \leq t_2$ とする）
$$s = \int_{t_1}^{t_2} \sqrt{\{f'(t)\}^2 + \{g'(t)\}^2}\, dt$$

[3] 極座標表示（$r = f(\theta)$）の場合（積分区間 $\alpha \leq \theta \leq \beta$ とする）
$$s = \int_\alpha^\beta \sqrt{\{f(\theta)\}^2 + \{f'(\theta)\}^2}\, d\theta$$

演習問題

3.5.1 座標平面において，媒介変数 θ（$\frac{\pi}{4} \leq \theta \leq \frac{5\pi}{4}$）によって表された曲線
$$\begin{cases} x = e^{-\theta}\cos\theta \\ y = e^{-\theta}\sin\theta \end{cases}$$
を C_1 とし，直線 $y = x$ に関して C_1 と対称な曲線を C_2 とする．このとき，C_1 と C_2 で囲まれる図形のうち，x 座標が $x \leq 0$ を満たす部分の面積を求めよ．（東京理科大学 2018 年度工学部入試問題より一部抜粋）

3.5.2 以下の定積分の値を求めよ．（東京理科大学 2020 年度工学部入試問題より一部抜粋）

(1) $\displaystyle\int_0^{\frac{\pi}{4}} \frac{\sin x - \sqrt{2}\cos x}{\sqrt{2}\sin x + \cos x}\, dx$ (2) $\displaystyle\int_0^{\frac{\pi}{4}} \frac{\sin x}{\sqrt{2}\sin x + \cos x}\, dx$

(3) $\displaystyle\int_0^{\frac{\pi}{4}} \frac{\cos x}{\sqrt{2}\sin x + \cos x}\, dx$

第4章

多変数関数の微分

　この章では，多変数関数の微分について説明する．高校時代に習う微分では
1変数関数であったので，微分 ＝ 全微分であったが，2変数以上の関数の微分
は構成する各変数の微分（これを**偏微分**と呼ぶ）を考える必要がある．まず偏
微分の定義から始まり，偏導関数の求め方を丁寧に説明する．その上で，偏微
分を使った様々な問題の計算（極大値・極小値の計算，最大値・最小値の計算，
接平面や法平面の計算等）方法について詳しく説明する．

▌ 4.1　偏微分係数と偏導関数

4.1.1　偏微分の定義と計算

定義 4.1　2変数の関数 $z = f(x, y)$ において，$y = b$（一定）とすると，x
の関数 $f(x, b)$ ができる．この関数の $x = a$ での微分係数を (a, b) における
$f(x, y)$ の **x–偏微分係数**と呼び，$\frac{\partial f}{\partial x}(a, b)$, $f_x(a, b)$, $z_x(a, b)$ などと書く．
　即ち，

$$\frac{\partial f}{\partial x}(a, b) = \lim_{h \to 0} \frac{f(a+h, b) - f(a, b)}{h}$$

よって，偏微分係数 $f_x(a, b)$ を，曲面 $z = f(x, y)$ と平面 $y = b$ の交線 $z = f(x, b)$ 上の $x = a$ の点における接線の傾きと理解できる．

　関数 $f(x, y)$ が定義域内のすべての点 (x, y) で x について偏微分可能の
とき，$f_x(x, y)$ を $f(x, y)$ の x に関する**偏導関数**といい，$\frac{\partial f}{\partial x}(x, y)$, $f_x(x, y)$,
$z_x(x, y)$ などと書く．

　即ち，y を定数と見なして，x だけの関数と考えて微分したものを偏導関
数という．

$$\frac{\partial f}{\partial x}(x, y) = \lim_{\Delta x \to 0} \frac{f(x + \Delta x, y) - f(x, y)}{\Delta x}$$

4.1 偏微分係数と偏導関数 **55**

$f_x(x, y)$ は，x 以外の変数を定数と見なせば，$\frac{\partial f}{\partial x}$ の計算は，これまでの $\frac{df}{dx}$ の計算と全く同じである．たとえば，

$$\frac{d}{dx} \sin ax = a \cos ax$$

$$\frac{\partial}{\partial x} \sin yx = y \cos yx$$

同様に，

$$\frac{\partial}{\partial y} \sin yx = x \cos yx$$

$f_x(a, b)$ は，$f_x(x, y)$ を求めてから，それに $x = a$, $y = b$ を代入する方法と，$y = b$ を先に代入して，$f_x(x, b)$ を求める方法との 2 つのやり方がある．

4.1.2 高階偏微分の定義と計算

> **定義 4.2** 1 階の偏導関数が偏微分可能ならば，さらにそれらの偏導関数
>
> $$\frac{\partial^2 z}{\partial x^2} = z_{xx} = \frac{\partial}{\partial x}\left(\frac{\partial z}{\partial x}\right),$$
>
> $$\frac{\partial^2 z}{\partial y \partial x} = z_{xy} = \frac{\partial}{\partial y}\left(\frac{\partial z}{\partial x}\right),$$
>
> $$\frac{\partial^2 z}{\partial x \partial y} = z_{yx} = \frac{\partial}{\partial x}\left(\frac{\partial z}{\partial y}\right),$$
>
> $$\frac{\partial^2 z}{\partial y^2} = z_{yy} = \frac{\partial}{\partial y}\left(\frac{\partial z}{\partial y}\right)$$
>
> などが考えられる．これらを **2 階偏導関数**という．さらに，**高階偏導関数**，たとえば，**3 階偏導関数**，
>
> $$z_{xxx} = \frac{\partial^3 z}{\partial x^3}, \quad z_{xxy} = \frac{\partial^3 z}{\partial y \partial x^2}, \quad z_{xyy} = \frac{\partial^3 z}{\partial y^2 \partial x}, \quad z_{yyy} = \frac{\partial^3 z}{\partial y^3}$$
>
> などが考えられる．

注意：$\left(\frac{\partial z}{\partial x}\right)^2$ は $\frac{\partial^2 z}{\partial x^2}$ と違う．例えば，

$$z = \sin(xy), \quad \frac{\partial z}{\partial x} = y \cos(xy), \quad \left(\frac{\partial z}{\partial x}\right)^2 = y^2 \cos^2(xy), \quad \frac{\partial^2 z}{\partial x^2} = -y^2 \sin(xy)$$

> **定理 4.1**　f_{yx}, f_{xy} がともに連続であるとき，$f_{yx} = f_{xy}$.

> **定理 4.2**　関数 $f(x,y)$ が初等関数であれば，$f_{xy}(x,y) = f_{yx}(x,y)$. これは，初等関数は定義域内で連続であり，初等関数の導関数も初等関数であるからである．

演習問題

☐ **4.1.1**　以下の関数は $(x,y) = (0,0)$ において $f_{xy} = f_{yx}$ を満たさない．その理由を確認しなさい．

$$f(x,y) = \begin{cases} xy\dfrac{x^2 - y^2}{x^2 + y^2} & (x^2 + y^2 \neq 0) \\ 0 & (x = y = 0) \end{cases}$$

☐ **4.1.2**　関数 $f(x,y) = \sin^{-1}(xy)$ の 2 階偏導関数を求めよ．

☐ **4.1.3**　$z = \log(x^2 + y^2)$ のとき，

$$\frac{\partial^2 z}{\partial x^2} + \frac{\partial^2 z}{\partial y^2} = 0$$

であることを示せ．

☐ **4.1.4**　関数 $f(x,y,z) = x^3 + y^3 + z^3 - 3xyz$ の 2 階偏導関数を求めよ．

4.2 方向微分係数と勾配ベクトル

4.2.1 方向微分係数の定義と計算

定義 4.3 図 4.1 に示したように，点 $P(a,b)$ から，l 方向（x 軸との角度を θ とする）に沿って微小距離 t を移動して，点 $P'(a+\Delta x, b+\Delta y)$（ここに，$\Delta x = t\cos\theta, \Delta y = t\sin\theta$）へ移ったときの関数の増加と微小距離 t との比の極限

$$\frac{\partial f}{\partial l}(P) = \lim_{P' \to P} \frac{f(P') - f(P)}{|P'P|}$$

を点 $P(a,b)$ における l 方向の**方向微分係数**といい，$\frac{\partial f}{\partial l}(a,b)$ と書く．

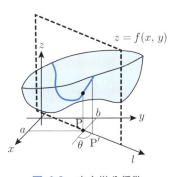

図 4.1 方向微分係数

方向微分係数は，これまでに述べた x-偏微分係数と y-偏微分係数の拡張と見なされる．$\frac{\partial f}{\partial x}$ と $\frac{\partial f}{\partial y}$ は，それぞれ x 方向と y 方向の方向微分係数と見なすことができる．

$$\begin{aligned}
\frac{\partial f}{\partial l}(a,b) &= \lim_{P' \to P} \frac{f(P') - f(P)}{|P'P|} \\
&= \lim_{t \to 0} \frac{f(a + t\cos\theta, b + t\sin\theta) - f(a,b)}{t} \\
&= \lim_{t \to 0} \frac{f(a + t\cos\theta, b + t\sin\theta) - f(a, b + t\sin\theta)}{t\cos\theta} \frac{t\cos\theta}{t} \\
&\quad + \lim_{t \to 0} \frac{f(a, b + t\sin\theta) - f(a,b)}{t\sin\theta} \frac{t\sin\theta}{t}
\end{aligned}$$

58　　第4章　多変数関数の微分

$$= \lim_{t \to 0} f_x(a, b + t\sin\theta)\cos\theta + f_y(a, b)\sin\theta$$

$$= f_x(a, b)\cos\theta + f_y(a, b)\sin\theta$$

即ち,

$$\frac{\partial f}{\partial l}(a, b) = f_x(a, b)\cos(l, x) + f_y(a, b)\cos(l, y)$$

$$= \nabla f(a, b) \cdot \boldsymbol{l}$$

ここに, (l, x) と (l, y) は, l 方向と x, y 軸との角度である.

同様に, 3つの変数 x, y, z の関数 $f(x, y, z)$ に対して, 方向微分係数は,

$$\frac{\partial f}{\partial l} = f_x\cos(l, x) + f_y\cos(l, y) + f_z\cos(l, z)$$

$$= \nabla f \cdot \boldsymbol{l}$$

ここに,

$$\cos^2(l, x) + \cos^2(l, y) + \cos^2(l, z) = 1$$

$$\frac{\partial f}{\partial l}(a, b) = f_x\cos\theta + f_y\sin\theta$$

$$= \sqrt{f_x^2 + f_y^2}\left\{\frac{f_x}{\sqrt{f_x^2 + f_y^2}}\cos\theta + \frac{f_y}{\sqrt{f_x^2 + f_y^2}}\sin\theta\right\}$$

$$= \sqrt{f_x^2 + f_y^2}\cos(\beta - \theta)$$

ここに,

$$\cos\beta = \frac{f_x}{\sqrt{f_x^2 + f_y^2}}, \quad \sin\beta = \frac{f_y}{\sqrt{f_x^2 + f_y^2}}$$

よって,

$$\begin{cases} \theta = \beta \quad \text{のとき,} \qquad \dfrac{\partial f}{\partial l} \text{ は最大} = \sqrt{f_x^2 + f_y^2} \\[2mm] \theta = \beta + \pi \quad \text{のとき,} \quad \dfrac{\partial f}{\partial l} \text{ は最小} = -\sqrt{f_x^2 + f_y^2} \\[2mm] \theta = \beta \pm \dfrac{\pi}{2} \quad \text{のとき,} \quad \dfrac{\partial f}{\partial l} \text{ はゼロ} = 0 \end{cases}$$

4.2 方向微分係数と勾配ベクトル　　**59**

4.2.2　陽関数 $z = f(x, y)$ の場合の勾配ベクトル

まず勾配ベクトルというものが何を表すものなのか？を正しく理解する必要がある．当然ながら陽関数 $z = f(x, y)$ において，独立変数 (x, y) の値を変えると z は任意に変化するが，単位ベクトル $\left(\frac{x}{\sqrt{x^2+y^2}}, \frac{y}{\sqrt{x^2+y^2}} \right)$ だけ動かしたとき，z が一番大きく増加する方向を**勾配ベクトル**と呼び，$\nabla f(x, y)$ という記号を用いる．即ち，このベクトルは xy 平面に現れるベクトルである．

次に厳密な定義および具体的な計算方法について説明する．

●**2 変数関数における勾配ベクトル $\nabla f(x, y)$ の定義と計算**

方向微分係数 $\frac{\partial f}{\partial l}(a, b)$ の計算式を以下のようにベクトルの内積の形で表すこともできる．

$$\frac{\partial f}{\partial l}(a, b) = \nabla f(a, b) \cdot \boldsymbol{l}$$

ここに，$\boldsymbol{l}$ は l 方向の単位ベクトルであり，

$$\boldsymbol{l} = (\cos(l, x), \cos(l, y)), \quad |\boldsymbol{l}| = 1$$

即ち

定義 4.4　2 変数関数 $f(x, y)$ の $(x, y) = (a, b)$ における勾配ベクトル $\nabla f(a, b)$ を

$$\mathrm{grad}\, f(a, b) = \nabla f(a, b) = \left(\frac{\partial f}{\partial x}(a, b), \frac{\partial f}{\partial y}(a, b) \right)$$

と定義する．

ここで，演算子 ∇

$$\nabla = \left(\frac{\partial}{\partial x}, \frac{\partial}{\partial y} \right)$$

を 2 変数関数における**ナブラ**という．勾配ベクトル $\nabla f(a, b)$ は，$\mathrm{grad}\, f(a, b)$（gradient，グラジエント：スカラー場の勾配）と書く場合もある．ベクトルの内積を用いる場合，方向微分係数は

$$\frac{\partial f}{\partial l} = \nabla f \cdot \boldsymbol{l} = |\nabla f| \cos(両ベクトルの角度)$$

60 第 4 章　多変数関数の微分

よって，l の方向は

$$\begin{cases} \text{勾配ベクトル } \nabla f \text{ の方向と一致するとき} & \dfrac{\partial f}{\partial l} \text{ は最大} \\[2mm] \text{勾配ベクトル } \nabla f \text{ の方向と反対であるとき} & \dfrac{\partial f}{\partial l} \text{ は最小} \\[2mm] \text{勾配ベクトル } \nabla f \text{ の方向と垂直であるとき} & \dfrac{\partial f}{\partial l} \text{ はゼロ} \end{cases}$$

　よって，方向微分係数はこの方向における「傾き」と理解できるが，勾配ベクトル $\nabla f(a,b)$ については，以下の 2 点がいえる．

(1)　勾配ベクトル $\nabla f(a,b)$ の方向は，$\dfrac{\partial f}{\partial l}$ が最大となる方向である．

(2)　勾配ベクトル $\nabla f(a,b)$ の大きさは，あらゆる方向 l に関する方向微分係数 $\dfrac{\partial f}{\partial l}$ の最大値に等しい．

● **3 変数関数における勾配ベクトル $\nabla f(x,y,z)$ の定義と計算**

　同様に，3 つの変数 $x,\,y,\,z$ の関数 $f(x,y,z)$ に対して，方向微分係数は，

$$\begin{aligned} \frac{\partial f}{\partial l} &= f_x \cos(l,x) + f_y \cos(l,y) + f_z \cos(l,z) \\ &= \operatorname{grad} f \cdot \boldsymbol{l} \end{aligned}$$

ここに，

$$\boldsymbol{l} = (\cos(l,x), \cos(l,y), \cos(l,z))$$

即ち，

定義 4.5　3 変数関数 $f(x,y,z)$ の $(x,y,z) = (a,b,c)$ における勾配ベクトル $\nabla f(a,b,c)$ を

$$\begin{aligned} \operatorname{grad} f(a,b,c) &= \nabla f(a,b,c) \\ &= \left(\frac{\partial f}{\partial x}(a,b,c), \frac{\partial f}{\partial y}(a,b,c), \frac{\partial f}{\partial z}(a,b,c) \right) \end{aligned}$$

で定義する．

で定義する．ここで，演算子 ∇

$$\nabla = \left(\frac{\partial}{\partial x}, \frac{\partial}{\partial y}, \frac{\partial}{\partial z} \right)$$

を 3 変数関数における**ナブラ**という．勾配ベクトル $\nabla f(a,b,c)$ について同様に以下のことが言える．

(1) 勾配ベクトル $\nabla f(a,b,c)$ の方向は，$f(x,y,z)$ が点 $\mathrm{P}(a,b,c)$ において最大の増加をなす方向である．

(2) 勾配ベクトル $\nabla f(a,b,c)$ の大きさは，$f(x,y,z)$ の，変化が最も大きい方向に沿う方向微分係数に等しい．

4.2.3　陰関数 $f(x,y,z)=0$ の場合の勾配ベクトル

1 章の陰関数でも説明したように，$f(x,y,z)=0$ は 1 つの曲面を表す．そしてその曲面を境に $f(x,y,z)>0$ と $f(x,y,z)<0$ に分けることができる．さらに，この場合の勾配ベクトルとは，曲面上の任意の点から $f(x,y,z)>0$ の領域に向いたベクトルのうち，最も増加が大きい方向のベクトル（即ち，曲面 $f(x,y,z)=0$ における法線ベクトル）を指す．この場合，勾配ベクトルは xyz 空間におけるベクトルとなる．

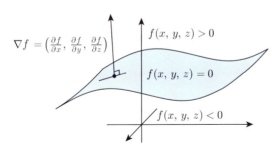

図 4.2　陰関数の $f(x,y,z)=0$ の場合の勾配ベクトル ∇f

演習問題

4.2.1 以下の関数の 1 階偏導関数を求めよ．
(1) $f(x,y) = e^{\frac{x}{y}}$ (2) $f(x,y) = \tan^{-1}\frac{y}{x}$
(3) $f(x,y) = \sin^{-1}\frac{y}{x}$ (4) $f(x,y) = \log_x y$

4.2.2 以下の関数上の点 $(x,y)=(1,-1)$ において，x 軸からの角度 $\theta = \frac{2\pi}{3}$ 方向の微分係数を求めよ．
$$f(x,y) = \log\frac{1}{x^2+y^2}$$

4.2.3 以下の関数の 2 階偏導関数を求めよ．
(1) $f(x,y) = e^{x^2+y^2}$ (2) $f(x,y) = \tan(x+y^2)$
(3) $f(x,y) = \tan^{-1}xy$ (4) $f(x,y) = \log\sqrt{x^2+y^2}$

4.2.4 次の関数の $\mathrm{grad}\, f(x,y)$ を求めよ．
(1) $x^5 + 8x^3y^7 - 4y^6$ (2) $\log(x^2+y^2)$ (3) $\sin\frac{y}{x}$

4.2.5 次の関数の $\mathrm{grad}\, f(1,2)$ を求めよ．
(1) $f(x,y) = \dfrac{e^{xy}}{x^2+y^2}$ (2) $f(x,y) = x^y$

4.2.6 関数 $f(x,y) = x^2 + 3xy + 2y^2$ について
(1) $\nabla f(-7,6)$ を求めよ．
(2) ベクトル $(1,2)$ 方向の単位ベクトルを e とするとき，方向微分係数 $\dfrac{\partial f}{\partial e}(-7,6)$ を求めよ．
(3) 点 $(-7,6)$ において，方向微分係数 $\dfrac{\partial f}{\partial l}(-7,6)$ が最大となる方向 l の単位ベクトル l およびこの方向の微分係数を求めよ．

4.2.7 関数 $f(x,y,z) = x^2 + 3xy + 2y^2 + z^2$ について
(1) $\nabla f(1,0,1)$ を求めよ．
(2) ベクトル $(1,2,3)$ 方向の単位ベクトルを e とするとき，方向微分係数 $\dfrac{\partial f}{\partial e}(1,0,1)$ を求めよ．
(3) 点 $(1,0,1)$ において，方向微分係数 $\dfrac{\partial f}{\partial l}(1,0,1)$ が最大となる方向 l の単位ベクトル l およびこの方向の微分係数を求めよ．

4.3 微分可能性と接平面

4.3.1 微分可能の基本概念

偏微分可能とは，x 方向と y 方向の偏微分係数が存在することである．一方，微分可能とは接平面が存在することで，その必要条件は，すべての方向に微分できることである．言い換えれば，x 方向や y 方向に偏微分可能でもすべての方向には微分できない場合や，すべての方向に微分可能であるが（連続でないために）接平面が存在せず，微分可能でない場合もある．

4.3.2 接平面の定義

接平面とは，曲面の接する平面を表し，曲面がこの近傍において接平面によって近似できることを表す．即ち，曲面 $z = f(x,y)$ 上の点 P の近傍を考えれば，

$$\lim_{Q \to P} \frac{|P'Q|}{|PA|} = 0$$

ここに，P′ は点 P 近傍における接平面上の点，Q は曲面上の，P′ と同じ (x,y) 座標を持つ点，A は P′, Q の平面 $z = z_P$ への投影点である（図 4.3 参照）．

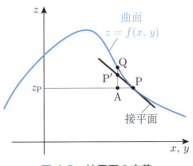

図 4.3　接平面の定義

4.3.3 接平面の計算

- 関数表示 $z = f(x,y)$ の場合

  曲面 $z = f(x,y)$ の $(x,y) = (a,b)$ における接平面 z は，以下の式で表される．

  $$z - f(a,b) = f_x(a,b)(x-a) + f_y(a,b)(y-b)$$

64　　　　　　第 4 章　多変数関数の微分

接平面は次のような考え方に基づいて求めることができる．即ち

> - 平面 $y = b$ と接平面 $z - f(a,b) = \alpha(x-a) + \beta(y-b)$ との交線，$z - f(a,b) = \alpha(x-a)$ は，平面 $y = b$ と曲面 $z = f(x,y)$ の交線，$z = f(x,b)$ の接線であるため，$\alpha = f_x(a,b)$ となる．
> - 平面 $x = a$ と接平面 $z - f(a,b) = \alpha(x-a) + \beta(y-b)$ との交線，$z - f(a,b) = \beta(y-b)$ は，平面 $x = a$ と曲面 $z = f(x,y)$ の交線，$z = f(a,y)$ の接線であるため，$\beta = f_y(a,b)$ となる．

● 媒介変数表示 $x = f(u,v),\ y = g(u,v),\ z = h(u,v)$ の場合

前述の関数表示 $z = f(x,y)$ の場合からもわかるように，接平面を求めるためには z_x あるいは z_y がわかればよい．媒介変数表示において，$z = h(u,v)$ であるので

$$
\begin{cases}
z_x = \dfrac{\partial z}{\partial u}\dfrac{\partial u}{\partial x} + \dfrac{\partial z}{\partial v}\dfrac{\partial v}{\partial x} = \underline{z_u}\,\underline{\underline{u_x}} + \underline{z_v}\,\underline{\underline{v_x}} \\[2mm]
z_y = \dfrac{\partial z}{\partial u}\dfrac{\partial u}{\partial y} + \dfrac{\partial z}{\partial v}\dfrac{\partial v}{\partial y} = \underline{z_u}\,\underline{\underline{u_y}} + \underline{z_v}\,\underline{\underline{v_y}}
\end{cases}
$$

式中の下線部はこの関数 $z(u,v)$ を直接微分すれば求まる．一方，$x = f(u,v)$ や $y = g(u,v)$ に対し，x で微分すると，以下の式が得られる．

$$
\begin{cases}
x_x = 1 = x_u\underline{\underline{u_x}} + x_v\underline{\underline{v_x}} \\
y_x = 0 = y_u\underline{\underline{u_x}} + y_v\underline{\underline{v_x}}
\end{cases}
$$

行列を用いて書き直すと

$$
\begin{bmatrix} x_u & x_v \\ y_u & y_v \end{bmatrix}
\begin{pmatrix} \underline{\underline{u_x}} \\ \underline{\underline{v_x}} \end{pmatrix}
= \begin{pmatrix} 1 \\ 0 \end{pmatrix}
$$

したがって，この連立方程式を解いて $\underline{\underline{u_x}}, \underline{\underline{v_x}}$ を求めると，以下のように表現できる．

$$
u_x = \frac{\begin{vmatrix} 1 & x_v \\ 0 & y_v \end{vmatrix}}{\begin{vmatrix} x_u & x_v \\ y_u & y_v \end{vmatrix}} = \frac{y_v}{\begin{vmatrix} x_u & x_v \\ y_u & y_v \end{vmatrix}}, \quad
v_x = \frac{\begin{vmatrix} x_u & 1 \\ y_u & 0 \end{vmatrix}}{\begin{vmatrix} x_u & x_v \\ y_u & y_v \end{vmatrix}} = \frac{-y_u}{\begin{vmatrix} x_u & x_v \\ y_u & y_v \end{vmatrix}}
$$

同様にして，$x = f(u,v)$ や $y = g(u,v)$ を y について微分して連立方程式を作り，それらを解けば $\underline{\underline{u_y}}, \underline{\underline{v_y}}$ が以下のように求まる．

4.3 微分可能性と接平面

$$u_y = \frac{\begin{vmatrix} 0 & x_v \\ 1 & y_v \end{vmatrix}}{\begin{vmatrix} x_u & x_v \\ y_u & y_v \end{vmatrix}} = \frac{-x_v}{\begin{vmatrix} x_u & x_v \\ y_u & y_v \end{vmatrix}}, \quad v_y = \frac{\begin{vmatrix} x_u & 0 \\ y_u & 1 \end{vmatrix}}{\begin{vmatrix} x_u & x_v \\ y_u & y_v \end{vmatrix}} = \frac{x_u}{\begin{vmatrix} x_u & x_v \\ y_u & y_v \end{vmatrix}}$$

したがってこれらの式を用いて，z_x や z_y を以下のように表現できる．

$$z_x = \frac{z_u y_v - z_v y_u}{\begin{vmatrix} x_u & x_v \\ y_u & y_v \end{vmatrix}} = -\frac{\begin{vmatrix} y_u & y_v \\ z_u & z_v \end{vmatrix}}{\begin{vmatrix} x_u & x_v \\ y_u & y_v \end{vmatrix}}, \quad z_y = \frac{-z_u x_v + z_v x_u}{\begin{vmatrix} x_u & x_v \\ y_u & y_v \end{vmatrix}} = -\frac{\begin{vmatrix} z_u & z_v \\ x_u & x_v \end{vmatrix}}{\begin{vmatrix} x_u & x_v \\ y_u & y_v \end{vmatrix}}$$

最終的な接平面の式は，以下の式で表される．

$$(x - x_0)z_x + (y - y_0)z_y - (z - z_0) = 0$$

$$(x - x_0)\begin{vmatrix} y_u & y_v \\ z_u & z_v \end{vmatrix} + (y - y_0)\begin{vmatrix} z_u & z_v \\ x_u & x_v \end{vmatrix} + (z - z_0)\begin{vmatrix} x_u & x_v \\ y_u & y_v \end{vmatrix} = 0$$

なお，行列式は転置してもその値は変わらない．したがって，接平面の式は以下のような形で表現することもできる．

$$\begin{vmatrix} x - x_0 & y - y_0 & z - z_0 \\ x_u & y_u & z_u \\ x_v & y_v & z_v \end{vmatrix} = 0$$

● 陰関数表示 $F(x, y, z) = 0$ の場合

陰関数表示 $F(x, y, z) = 0$ の場合，勾配ベクトル $\nabla F = \left(\frac{\partial F}{\partial x}, \frac{\partial F}{\partial y}, \frac{\partial F}{\partial z} \right)$ を用いて考えるのがわかりやすい．説明のための図を図 4.4 に示す．曲面上の任意の

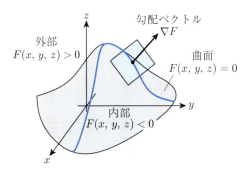

図 4.4　接平面（陰関数表示）

点 (x_0, y_0, z_0) における接平面は，その点での勾配ベクトル $\nabla F = \left(\frac{\partial F}{\partial x}, \frac{\partial F}{\partial y}, \frac{\partial F}{\partial z}\right)$ を用いて以下の式で表される．

$$\left.\frac{\partial F}{\partial x}\right|_{x_0, y_0, z_0}(x-x_0) + \left.\frac{\partial F}{\partial y}\right|_{x_0, y_0, z_0}(y-y_0) + \left.\frac{\partial F}{\partial z}\right|_{x_0, y_0, z_0}(z-z_0) = 0$$

演習問題

☐ **4.3.1** 曲面 $f(y-mz, x-nz) = 0$ の接平面は定直線に平行であることを証明せよ．

☐ **4.3.2** 曲面 $f\left(\frac{x-a}{z-c}, \frac{y-b}{z-c}\right) = 0$ の接平面は定点を通ることを証明せよ．

☐ **4.3.3** 曲面 $z = f(x^2 + y^2)$ の法線は z 軸と交わることを証明せよ．

☐ **4.3.4** 曲面 $x^{\frac{2}{3}} + y^{\frac{2}{3}} + z^{\frac{2}{3}} = a^{\frac{2}{3}}$ ($a > 0$) の任意の接平面が x 軸，y 軸，z 軸と交わる点を P, Q, R とするとき，△PQR はある定まった性質を持つ．それはどんな性質であるか．

☐ **4.3.5** 以下の問に答えなさい．
(1) $ABC \neq 0$ のとき，曲面 $Ax^2 + By^2 + Cz^2 = 1$ の上の点 (x_0, y_0, z_0) での接平面の方程式を求めよ．
(2) この曲面の任意の接平面へ中心から下した垂線の軌跡の方程式を求めよ．

4.4 全 微 分

微分とは，独立変数をわずかに変えたときの従属変数の微小増分と定義される．よって，全微分はすべての独立変数を微小に増加させたことによる，多変数関数の微小増分といえる．

以下，詳細な定義を記す．

(1) 2 変数の場合

変数 x の変化 Δx と変数 y の変化 Δy による関数 $z = f(x, y)$ の変化

$$\Delta z = f(x + \Delta x, y + \Delta y) - f(x, y)$$
$$= f(x + \Delta x, y + \Delta y) - f(x, y + \Delta y) + f(x, y + \Delta y) - f(x, y)$$

を考える．平均値の定理により，

$$\Delta z = \frac{\partial f}{\partial x}(x + \theta_1 \Delta x, y + \Delta y) \cdot \Delta x + \frac{\partial f}{\partial y}(x, y + \theta_2 \Delta y) \cdot \Delta y$$

Δx, Δy が小さいとき，近似式が得られる．

$$\Delta z \cong \frac{\partial f}{\partial x}(x, y) \cdot \Delta x + \frac{\partial f}{\partial y}(x, y) \cdot \Delta y$$

なお，Δx, Δy が無限小のとき，

$$\Delta z = \frac{\partial f(x, y)}{\partial x} \cdot \Delta x + \frac{\partial f(x, y)}{\partial y} \cdot \Delta y$$

1 次元の場合と同じように，Δx, Δy を dx, dy とし，Δz を dz とすれば，

$$dz = \frac{\partial f(x, y)}{\partial x} \cdot dx + \frac{\partial f(x, y)}{\partial y} \cdot dy$$

これを z の**全微分**という．

(2) 多変数の場合

例えば，$u = f(x, y, z)$ とすると，全微分 du は

$$du = \frac{\partial u}{\partial x} dx + \frac{\partial u}{\partial y} dy + \frac{\partial u}{\partial z} dz$$

4.4.1 全微分の意味

全微分 $dz = \frac{\partial z}{\partial x} dx + \frac{\partial z}{\partial y} dy$ について，以下のことが言える．

(a) z の変化 dz は dx と dy によるそれぞれの変化の和で表される．

(b) x の微小な変化 dx とそれによる z の微小な変化 dz との関係は線形的であり，その比例係数は $\frac{\partial z}{\partial x}$（即ち，偏微分係数）である．
同様に，y の微小な変化 dy とそれによる z の微小な変化 dz との関係は線形的であり，その比例係数は $\frac{\partial z}{\partial y}$ である．

(c) $\frac{\partial z}{\partial x}$ は x のみが変化するときの z の変化率 $\frac{\partial z}{\partial x} = \frac{dz}{dx}\big|_{dy=0}$ であることから，次のことがわかる．

> 偏微分係数 $\frac{\partial z}{\partial x}$ は全微分 dz の式における dx の係数から求まる．

演習問題

4.4.1 (1) $z = xy^2$ の全微分を求めよ．
(2) $z = \sin xy$ の全微分を求めよ．
(3) $d(u+v) = du + dv$, $d(uv) = v\,du + u\,dv$, $d\left(\frac{v}{u}\right) = \frac{u\,dv - v\,du}{u^2}$ を証明せよ．

4.4.2 長さ l の単振り子の周期 T は重力加速度 g を用いて $T = 2\pi\sqrt{\frac{l}{g}}$ で表される．今，長さ l と周期 T を計測したところ，それぞれ $+0.1\%$ と $+0.2\%$ の誤差が確認された．このとき，g の値の誤差は約何 % となるか．

4.4.3 直角を挟む 2 辺がそれぞれ 4.5 ± 0.04 cm, 6.0 ± 0.05 cm のとき，この直角三角形の斜辺の長さを誤差を含めて計算しなさい．

4.5 様々な関数の微分

4.5.1 合成関数の微分
(1) 多変数の場合の合成関数の微分法

まず，関数 $u = f(x, y)$ があって，さらに，$x = f_1(p, q), y = f_2(r, s)$ の場合の合成関数 $u = F(p, q, r, s)$ を考える．

(a) この場合の因果関係は，

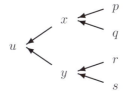

(b) $\frac{\partial u}{\partial p}$ などは全微分 du における dp などの係数から求まる．

全微分 du, dx, dy の式

$$du = \frac{\partial u}{\partial x} dx + \frac{\partial u}{\partial y} dy$$

$$dx = \frac{\partial x}{\partial p} dp + \frac{\partial x}{\partial q} dq$$

$$dy = \frac{\partial y}{\partial r} dr + \frac{\partial y}{\partial s} ds$$

より

$$du = \frac{\partial u}{\partial x}\left\{\frac{\partial x}{\partial p} dp + \frac{\partial x}{\partial q} dq\right\} + \frac{\partial u}{\partial y}\left\{\frac{\partial y}{\partial r} dr + \frac{\partial y}{\partial s} ds\right\}$$

が得られる．なお，u を p, q, r, s の関数と見なす場合，

$$du = \frac{\partial u}{\partial p} dp + \frac{\partial u}{\partial q} dq + \frac{\partial u}{\partial r} dr + \frac{\partial u}{\partial s} ds$$

したがって，$\frac{\partial u}{\partial p}$ などは式中の dp の係数から求まる．

$$\frac{\partial u}{\partial p} = \frac{\partial u}{\partial x}\frac{\partial x}{\partial p} \quad \text{つまり} \quad u \to x \to p$$

$$\frac{\partial u}{\partial q} = \frac{\partial u}{\partial x}\frac{\partial x}{\partial q} \quad \text{つまり} \quad u \to x \to q$$

70　　　　　　　　第 4 章　多変数関数の微分

$$\frac{\partial u}{\partial r} = \frac{\partial u}{\partial y}\frac{\partial y}{\partial r} \quad \text{つまり} \quad u \to y \to r$$

$$\frac{\partial u}{\partial s} = \frac{\partial u}{\partial y}\frac{\partial y}{\partial s} \quad \text{つまり} \quad u \to y \to s$$

(2)　**特殊な場合 1**　関数 $z = f(x, y)$ があって，さらに $x = f_1(t)$, $y = f_2(t)$ の場合の因果関係は

$$z \longleftarrow \begin{matrix} x \\ y \end{matrix} \longleftarrow t$$

と表記できる．よって，

$$\frac{dz}{dt} = \frac{\partial z}{\partial x}\frac{dx}{dt} + \frac{\partial z}{\partial y}\frac{dy}{dt}$$

(3)　**特殊な場合 2**　関数 $z = f(x, y)$ があって，さらに $x = f_1(u, v)$, $y = f_2(u, v)$ の場合（即ち，変数変換がある場合）の因果関係は，

$$z \longleftarrow \begin{matrix} x \\ y \end{matrix} \begin{matrix} u \\ v \end{matrix}$$

と表記できる．よって，

$$\frac{\partial z}{\partial u} = \frac{\partial z}{\partial x}\frac{\partial x}{\partial u} + \frac{\partial z}{\partial y}\frac{\partial y}{\partial u}$$

$$\frac{\partial z}{\partial v} = \frac{\partial z}{\partial x}\frac{\partial x}{\partial v} + \frac{\partial z}{\partial y}\frac{\partial y}{\partial v}$$

行列を使って整理すると．以下のように表記できる．

$$\begin{pmatrix} \frac{\partial z}{\partial u} \\ \frac{\partial z}{\partial v} \end{pmatrix} = \begin{pmatrix} \frac{\partial x}{\partial u} & \frac{\partial y}{\partial u} \\ \frac{\partial x}{\partial v} & \frac{\partial y}{\partial v} \end{pmatrix} \begin{pmatrix} \frac{\partial z}{\partial x} \\ \frac{\partial z}{\partial y} \end{pmatrix}$$

ここで，この係数行列を，この変換のヤコビ行列という．また，ヤコビ行列の行列式を

$$\frac{\partial(x, y)}{\partial(u, v)} = \begin{vmatrix} \frac{\partial x}{\partial u} & \frac{\partial y}{\partial u} \\ \frac{\partial x}{\partial v} & \frac{\partial y}{\partial v} \end{vmatrix}$$

と表して，関数行列式，またはヤコビ行列式，ヤコビアンなどという．

　なお，**ヤコビアン**については，以下の特徴がある．

4.5 様々な関数の微分　　**71**

特徴 (1)　x, y が u, v の関数，u, v が p, q の関数のとき，x, y は p, q の関数と考えられる．このとき，

$$\frac{\partial(x, y)}{\partial(p, q)} = \frac{\partial(x, y)}{\partial(u, v)} \frac{\partial(u, v)}{\partial(p, q)}$$

これは，1 変数の場合の式 $\frac{dy}{dt} = \frac{dy}{dx} \cdot \frac{dx}{dt}$ の拡張と考えられる．

特徴 (2)　x, y が u, v の関数，逆に u, v が x, y の関数と考えるとき，

$$\frac{\partial(u, v)}{\partial(x, y)} = \frac{1}{\frac{\partial(x, y)}{\partial(u, v)}}$$

これは，1 変数の場合の式 $\frac{dx}{dy} = \frac{1}{\frac{dy}{dx}}$ の拡張と考えられる．

【特徴 (1) に関する証明】

$$
\begin{array}{ccccc}
x & \diagdown & u & \diagdown & p \\
y & \diagup & v & \diagup & q
\end{array}
$$

$$
\begin{aligned}
\frac{\partial(x, y)}{\partial(p, q)} &=
\begin{vmatrix}
\frac{\partial x}{\partial p} & \frac{\partial y}{\partial p} \\[2mm]
\frac{\partial x}{\partial q} & \frac{\partial y}{\partial q}
\end{vmatrix} \\[3mm]
&=
\begin{vmatrix}
\frac{\partial x}{\partial u}\frac{\partial u}{\partial p} + \frac{\partial x}{\partial v}\frac{\partial v}{\partial p} & \frac{\partial y}{\partial u}\frac{\partial u}{\partial p} + \frac{\partial y}{\partial v}\frac{\partial v}{\partial p} \\[2mm]
\frac{\partial x}{\partial u}\frac{\partial u}{\partial q} + \frac{\partial x}{\partial v}\frac{\partial v}{\partial q} & \frac{\partial y}{\partial u}\frac{\partial u}{\partial q} + \frac{\partial y}{\partial v}\frac{\partial v}{\partial q}
\end{vmatrix} \\[3mm]
&=
\begin{vmatrix}
\frac{\partial u}{\partial p} & \frac{\partial v}{\partial p} \\[2mm]
\frac{\partial u}{\partial q} & \frac{\partial v}{\partial q}
\end{vmatrix}
\cdot
\begin{vmatrix}
\frac{\partial x}{\partial u} & \frac{\partial y}{\partial u} \\[2mm]
\frac{\partial x}{\partial v} & \frac{\partial y}{\partial v}
\end{vmatrix} \\[3mm]
&= \frac{\partial(u, v)}{\partial(p, q)} \cdot \frac{\partial(x, y)}{\partial(u, v)}
\end{aligned}
$$

【特徴 (2) に関する証明】

$$
\begin{array}{ccccc}
x & \diagdown & u & \diagdown & x \\
y & \diagup & v & \diagup & y
\end{array}
$$

特徴 (1) によれば，

$$\frac{\partial(x, y)}{\partial(x, y)} = \frac{\partial(x, y)}{\partial(u, v)} \cdot \frac{\partial(u, v)}{\partial(x, y)}$$

72　　　　　　　　　第 4 章　多変数関数の微分

ここに,

$$\frac{\partial(x,y)}{\partial(x,y)} = \begin{vmatrix} \frac{\partial x}{\partial x} & \frac{\partial y}{\partial x} \\ \frac{\partial x}{\partial y} & \frac{\partial y}{\partial y} \end{vmatrix} = \begin{vmatrix} 1 & 0 \\ 0 & 1 \end{vmatrix} = 1$$

4.5.2　陰関数の微分

●陰関数 $f(x,y) = 0$ の場合

陰関数 $f(x,y) = 0$ の導関数 $\frac{dy}{dx}$ を求めるには 2 つの方法がある.

【方法 (1)】　関数 $y = y(x)$ を求めてから $\frac{dy}{dx}$ を求める方法. 例えば,

$$2\sin x + \cos y = 0$$

より,

$$y = \arccos(-2\sin x)$$
$$y_x = \frac{2\cos x}{\sqrt{1 - 4\sin^2 x}}$$

しかし, 多くの場合, このような計算は煩雑である. また, 計算できない場合もある.

【方法 (2)】　関数 $y = y(x)$ を求めないで $\frac{dy}{dx}$ を求める方法. 例えば,

$$2\sin x + \cos y = 0$$

に対して, y が x の関数であることを考慮して, 両辺を x について微分する. 即ち,

$$f(x, y(x)) = 2\sin x + \cos y(x) = 0$$

に対して, 両辺を x について微分すると,

$$2\cos x - \sin y\, y_x = 0$$
$$y_x = \frac{2\cos x}{\sin y}$$

関数 $y = y(x)$ を求めないで, 陰関数 $f(x,y) = 0$ の微分を求める要領は以下のようにまとめることができる.

> (1)　まず, 因果関係を把握する.
>
> 　　$f(x,y) = 0$ を変数 x から関数 y を決めるための方程式と見なせば, $f(x,y) = 0$ から関数 $y = y(x)$ が得られる.

4.5 様々な関数の微分 **73**

よって，y を x の関数 $y = y(x)$ とし，$u = f(x, y) = 0$ を次のように考える．

$$u = f(x, y) = f(x, y(x)) = 0 \tag{a}$$

$$u = 0 \Longleftarrow \begin{array}{c} x \\ y \end{array} \Longleftarrow x$$

(2) y が x の関数であることを考慮して，$f(x, y) = 0$ の左辺と右辺を x で微分する．

$$\frac{du}{dx} = \frac{\partial f}{\partial x} + \frac{\partial f}{\partial y}\frac{dy}{dx} = 0 \tag{b}$$

(3) 式 (b) から y_x を求める

$$\frac{dy}{dx} = -\frac{\frac{\partial f}{\partial x}}{\frac{\partial f}{\partial y}} \tag{c}$$

答えは，式 (c) のように，x と y が混ざった式でよい．

また，式 (c) からわかるように，分母 $\frac{\partial f}{\partial y}$ がゼロでなければ，微分 $\frac{dy}{dx}$ が存在する．

したがって，以下の定理が得られる．

定理 4.3 $f(x, y)$ は，(x_0, y_0) を含む領域で連続な偏導関数を持ち，$f(x_0, y_0) = 0$ であり，さらに $f_y(x_0, y_0) \neq 0$ である．このとき，$y_0 = \varphi(x_0)$ で，かつ $f(x, \varphi(x)) = 0$ となる関数 $y = \varphi(x)$ が $x = x_0$ の近くにただ 1 つ存在する．この関数 $y = \varphi(x)$ は微分可能であって，

$$\frac{dy}{dx} = -\frac{f_x(x, \varphi(x))}{f_y(x, \varphi(x))}$$

なお，$f(x_0, y_0) = 0$, $f_x(x_0, y_0) \neq 0$, $f_y(x_0, y_0) = 0$ である点では，$\frac{dy}{dx}$ は無限大となり，その近傍では 1 つの x に対して 2 つの y が存在することがある．

さらに，$f(x_0, y_0) = 0$, $f_x(x_0, y_0) = 0$, $f_y(x_0, y_0) = 0$ である点は，特異点といい，その近傍における曲線の状態は非常に複雑である．

■例題 4.1■
2 変数関数 $f(x,y) = y^2 - x^2(x-a), a > 0$ を微分しなさい.

【解答】 $f(x,y) = y^2 - x^2(x-a), a > 0$ では，$f_x = -3x^2 + 2ax, f_y = 2y$ である．この場合，$f(0,0) = f_x(0,0) = f_y(0,0) = 0$ となり，点 $(0,0)$ は特異点である．また，点 $(0,a)$ においては，$f(0,0) = f_y(0,0) = 0, f_x(0,0) \neq 0$ である．★

● 陰関数 $f(x,y,z) = 0$ の場合

陰関数 $f(x,y,z) = 0$ について，$\frac{\partial z}{\partial x}, \frac{\partial z}{\partial y}$ を求める要領を以下に説明する.

【手順 (1)】 因果関係を把握する．$f(x,y,z) = 0$ を，変数 x, y から関数 z を決めるための方程式と見なせば関数 $z = \varphi(x,y)$ が得られる.

したがって，z を x, y の関数 $z = z(x,y)$ とし，
$$u = f(x,y,z) = f(x,y,z(x,y)) = 0 \tag{a}$$
のような因果関係が得られる.

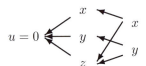

【手順 (2)】 $f(x,y,z) = 0$ の左辺と右辺について，x と y に対するそれぞれの偏導関数を計算する.
$$\begin{aligned}\frac{\partial u}{\partial x} &= \frac{\partial f}{\partial x} + \frac{\partial f}{\partial z}\frac{\partial z}{\partial x} = 0 \\ \frac{\partial u}{\partial y} &= \frac{\partial f}{\partial y} + \frac{\partial f}{\partial z}\frac{\partial z}{\partial y} = 0\end{aligned} \tag{b}$$

【手順 (3)】 方程式 (b) から z_x, z_y を求める
$$\begin{aligned}\frac{\partial z}{\partial x} &= -\frac{\frac{\partial f}{\partial x}}{\frac{\partial f}{\partial z}}, \\ \frac{\partial z}{\partial y} &= -\frac{\frac{\partial f}{\partial y}}{\frac{\partial f}{\partial z}}\end{aligned} \tag{c}$$

演 習 問 題 **75**

■**例題 4.2**■

方程式 $z^3 - xz - y = 0$ を満たすとき，$z = z(x, y)$ として以下の問に答えなさい.

(1) 1 階偏導関数 $\frac{\partial z}{\partial x}, \frac{\partial z}{\partial y}$ を求めよ.

(2) 2 階偏導関数 $\frac{\partial^2 z}{\partial x^2}, \frac{\partial^2 z}{\partial x \partial y}, \frac{\partial^2 z}{\partial y^2}$ を求めよ.

【解答】 (1) $z^3 - xz - y = 0$ を x で偏微分すると，

$$3z^2 \frac{\partial z}{\partial x} - z - x \frac{\partial z}{\partial x} = 0, \quad \therefore \frac{\partial z}{\partial x} = \frac{z}{3z^2 - x}$$

となる. 同様に，$z^3 - xz - y = 0$ を y で偏微分すると，

$$3z^2 \frac{\partial z}{\partial y} - x \frac{\partial z}{\partial y} - 1 = 0, \quad \therefore \frac{\partial z}{\partial y} = \frac{1}{3z^2 - x}$$

となる.

(2) 2 階偏導関数は (1) で求めた偏導関数をさらに x や y で偏微分すればよい. ただし，$\left(\frac{\partial z}{\partial x}\right)^2$ と $\frac{\partial^2 z}{\partial x^2}$ を混同しないように注意する必要がある.

$$\frac{\partial^2 z}{\partial x^2} = \frac{-2xz}{(3z^2 - x)^3}, \quad \frac{\partial^2 z}{\partial x \partial y} = \frac{-3z^2 - x}{(3z^2 - x)^3}, \quad \frac{\partial^2 z}{\partial y^2} = \frac{-6z}{(3z^2 - x)^3} \quad ★$$

演 習 問 題

□**4.5.1** $z = \sin^{-1} \frac{x}{y}$, $x = \log t$, $y = e^t$ のとき，$t = 2$ での $\frac{dz}{dt}$ を求めよ.

□**4.5.2** $z = e^{\frac{u}{v}}$, $u = xy$, $v = x + y$, $x = r \cos \theta$, $y = r \sin \theta$ のとき，$(r, \theta) = \left(1, \frac{\pi}{2}\right)$ での $\frac{\partial z}{\partial r}, \frac{\partial z}{\partial \theta}$ を求めよ.

□**4.5.3** 2 変数関数 $f(x, y) = (x - y)e^{x^2 + y^2}$, $u = x + y$, $v = x - y$ のとき，ヤコビ行列式 $\frac{\partial(x, y)}{\partial(u, v)}$ を求めよ.

76 第 4 章 多変数関数の微分

> ## 4.6 関数の展開

4.6.1 テイラーの定理とマクローリンの定理

(1) **2 変数関数** $f(x, y)$ **のテイラーの定理**

2 章で学んだ 1 変数関数のテイラーの定理を用いて 2 変数関数のテイラーの定理を導く.

$$F(t) = f(a + ht, b + kt)$$
$$F(0) = f(a, b)$$
$$F(1) = f(a + h, b + k)$$

$$F(1) = F(0) + F'(0) + \frac{1}{2!}F''(0) + \cdots + \frac{1}{(n-1)!}F^{(n-1)}(0) + \frac{1}{n!}F^{(n)}(\theta)$$

そこで, $F^{(k)}(t)$ を計算しよう.

$$x = a + ht, \quad y = b + kt$$

とおくと, 微分係数 $F'(t)$ は以下のように表される.

$$
\begin{aligned}
F'(t) &= \frac{df(x, y)}{dt} \\
&= \frac{\partial f(x, y)}{\partial x}\frac{dx}{dt} + \frac{\partial f(x, y)}{\partial y}\frac{dy}{dt} \\
&= hf_x(a + ht, b + kt) + kf_y(a + ht, b + kt)
\end{aligned}
$$

したがって, $t = 0$ における 1 階微分係数 $F'(0)$ は

$$F'(0) = hf_x(a, b) + kf_y(a, b)$$

と表される. 同様にして, 2 階導関数および微分係数の計算を行うと,

$$
\frac{d}{dt}\{hf_x(a + ht, b + kt)\}
$$
$$
= h\left\{f_{xx}(a + ht, b + kt)\frac{d(a + ht)}{dt} + f_{xy}(a + ht, b + kt)\frac{d(b + kt)}{dt}\right\}
$$
$$
\frac{d}{dt}\{kf_y(a + ht, b + kt)\}
$$
$$
= k\left\{f_{yx}(a + ht, b + kt)\frac{d(a + ht)}{dt} + f_{yy}(a + ht, b + kt)\frac{d(b + kt)}{dt}\right\}
$$

より

$$F''(t) = h^2 f_{xx}(a + ht, b + kt) + 2hk f_{xy}(a + ht, b + kt)$$
$$+ k^2 f_{yy}(a + ht, b + kt)$$

と表される．したがって，$t = 0$ における 2 階微分係数 $F''(0)$ は

$$F''(0) = h^2 f_{xx}(a, b) + 2hk f_{xy}(a, b) + k^2 f_{yy}(a, b)$$

となる．さらにこれを一般化すると，以下のように表される．n 階導関数 $F^{(n)}(t)$ は

$$F^{(n)}(t) = \sum_{r=0}^{n} {}_nC_r h^r k^{n-r} \frac{\partial^n f}{\partial x^r \partial y^{n-r}}(a + ht, b + kt)$$

であり，$t = 0$ における n 階微分係数 $F^{(n)}(0)$ は

$$F^{(n)}(0) = \sum_{r=0}^{n} {}_nC_r h^r k^{n-r} \frac{\partial^n f}{\partial x^r \partial y^{n-r}}(a, b)$$

と表される．ここで，記号

$$D = h\frac{\partial}{\partial x} + k\frac{\partial}{\partial y}$$

を用いれば，2 変数関数のテイラーの定理が得られる．

定理 4.4 関数 $f(x, y)$ が点 (a, b) の近傍で連続な n 次偏導関数を持つならば，

$$f(a + h, b + k)$$
$$= f(a, b) + Df(a, b) + \frac{1}{2!}D^2 f(a, b) + \cdots + \frac{1}{(n-1)!}D^{n-1} f(a, b)$$
$$+ \frac{1}{n!}D^n f(a + \theta h, b + \theta k) \qquad (0 < \theta < 1)$$

---

(2) 2 変数関数 $f(x, y)$ のマクローリンの定理

テイラーの定理で $a = b = 0$ とし，h, k を x, y と書けば，マクローリンの定理が得られる．

78 第 4 章 多変数関数の微分

定理 4.5 ($(x, y) = (0, 0)$ の近くでのテイラーの定理) 関数 $f(x, y)$ が原点 $(0, 0)$ の近傍で連続な n 次偏導関数を持つならば，

$$f(x, y)$$
$$= f(0, 0) + Df(0, 0) + \frac{1}{2!}D^2 f(0, 0) + \cdots + \frac{1}{(n-1)!}D^{n-1}f(0, 0)$$
$$+ \frac{1}{n!}D^n f(\theta x, \theta y) \qquad (0 < \theta < 1)$$

ただし，ここでは

$$D = x\frac{\partial}{\partial x} + y\frac{\partial}{\partial y}$$

とする.

4.6.2 テイラー展開とマクローリン展開

(1) テイラー展開

テイラーの定理の式で，もし，

$$\lim_{n\to\infty} \frac{1}{n!}D^n f(a + \theta h, b + \theta k) = 0$$

ならば，$f(x, y)$ は次のような無限級数に展開される.

$$f(a + h, b + k)$$
$$= f(a, b) + Df(a, b) + \frac{1}{2!}D^2 f(a, b) + \cdots + \frac{1}{(n-1)!}D^{n-1}f(a, b) + \cdots$$

(2) マクローリン展開

マクローリンの定理の式で，もし，

$$\lim_{n\to\infty} \frac{1}{n!}D^n f(\theta x, \theta y) = 0$$

ならば，$f(x, y)$ は次のような無限級数に展開される.

$$f(x, y)$$
$$= f(0, 0) + Df(0, 0) + \frac{1}{2!}D^2 f(0, 0) + \cdots + \frac{1}{(n-1)!}D^{n-1}f(0, 0) + \cdots$$

4.6 関数の展開

79

■ **例題 4.3** ■

関数 $f(x, y) = \log(1 + x + y)$ に対して，マクローリンの定理を $n = 4$ として書き表せ.

【解答】

$$f(0 + x, 0 + y) = f(0, 0) + Df(0, 0)$$
$$+ \frac{1}{2!}D^2 f(0, 0) + \frac{1}{3!}D^3 f(0, 0) + \frac{1}{4!}D^4 f(\theta x, \theta y)$$

$$f_x = f_y = \frac{1}{1 + x + y}$$

$$f_{xx} = f_{xy} = f_{yy} = -\frac{1}{(1 + x + y)^2}$$

$$\frac{\partial^3 f}{\partial x^p \partial y^{3-p}} = \frac{2!}{(1 + x + y)^3} \qquad (p = 0, 1, 2, 3)$$

$$\frac{\partial^4 f}{\partial x^p \partial y^{4-p}} = -\frac{3!}{(1 + x + y)^4} \qquad (p = 0, 1, 2, 3, 4)$$

したがって，

$$f(0, 0) = 0,$$
$$Df(0, 0) = x f_x(0, 0) + y f_y(0, 0) = x + y,$$
$$D^2 f(0, 0) = x^2 f_{xx}(0, 0) + 2xy f_{xy}(0, 0) + y^2 f_{yy}(0, 0)$$
$$= -(x + y)^2$$
$$D^3 f(0, 0) = f_{xxx}(0, 0) + 3x^2 y f_{xxy}(0, 0) + 3xy^2 f_{xyy}(0, 0) + y^3 f_{yyy}(0, 0)$$
$$= 2(x + y)^3$$
$$D^4 f(\theta x, \theta y) = x^4 f_{xxxx}(\theta x, \theta y) + 4x^3 y f_{xxxy}(\theta x, \theta y)$$
$$+ 6x^2 y^2 f_{xxyy}(\theta x, \theta y) + 4xy^3 f_{xyyy}(\theta x, \theta y) + y^4 f_{yyyy}(\theta x, \theta y)$$
$$= -\frac{6}{(1 + \theta x + \theta y)^4}(x + y)^4$$

より，

$$\log(1 + x + y) = (x + y) - \frac{1}{2}(x + y)^2 + \frac{1}{3}(x + y)^3 - \frac{(x + y)^4}{4(1 + \theta x + \theta y)^4} \quad ★$$

■例題 4.4 ■

$f(x,y) = e^x \sin y$ について，$f(x+h, y+k)$ を h, k の 2 次の項まで展開せよ．

【解答】
$$f_x = e^x \sin y, \quad f_y = e^x \cos y$$
$$f_{xx} = e^x \sin y, \quad f_{xy} = e^x \cos y, \quad f_{yy} = -e^x \sin y$$

より

$$f(x+h, y+k) \cong f(x,y) + Df(x,y) + \frac{1}{2!}D^2 f(x,y)$$
$$= f(x,y) + \left(h\frac{\partial f(x,y)}{\partial x} + k\frac{\partial f(x,y)}{\partial y}\right)$$
$$+ \frac{1}{2!}\left(h^2 \frac{\partial^2 f(x,y)}{\partial x^2} + 2hk\frac{\partial^2 f(x,y)}{\partial x \partial y} + k^2 \frac{\partial^2 f(x,y)}{\partial y^2}\right)$$
$$= e^x \sin y + e^x(h \sin y + k \cos y)$$
$$+ \frac{e^x}{2}(h^2 \sin y - k^2 \sin y + 2hk \cos y) \ ★$$

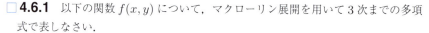

演習問題

□ **4.6.1** 以下の関数 $f(x,y)$ について，マクローリン展開を用いて 3 次までの多項式で表しなさい．

(1) $f(x,y) = \cos(x-y)$ (2) $f(x,y) = \cos xy$

(3) $f(x,y) = \sqrt{1+x+y}$ (4) $f(x,y) = \sqrt{1+x\cos(x-y)}$

4.7 関数の極値

4.7.1 無制約最適化問題

無制約最適化問題とは，「与えられている目的関数 $f(\boldsymbol{x})$ を最小化（あるいは最大化）する $\boldsymbol{x}$ を求めよ」という問題である．

極値となるための必要条件を考えると，$\boldsymbol{x}^*$ が関数 $f(\boldsymbol{x})$ の極小解（あるいは極大解）となるための必要条件は，

$$
\begin{cases}
\left.\dfrac{\partial f(x_1, x_2, \ldots, x_n)}{\partial x_1}\right|_{(\boldsymbol{x}=\boldsymbol{x}^*)} = 0 \\[2mm]
\left.\dfrac{\partial f(x_1, x_2, \ldots, x_n)}{\partial x_2}\right|_{(\boldsymbol{x}=\boldsymbol{x}^*)} = 0 \\
\qquad\qquad \cdots \\
\left.\dfrac{\partial f(x_1, x_2, \ldots, x_n)}{\partial x_n}\right|_{(\boldsymbol{x}=\boldsymbol{x}^*)} = 0
\end{cases} \tag{4.1}
$$

である．

式 (4.1) は，∇ の記号で次のように書くこともできる．

$$
\nabla f(\boldsymbol{x}^*) = \boldsymbol{O} \tag{4.2}
$$

$\nabla f(\boldsymbol{x})$ は関数 $f(\boldsymbol{x})$ の勾配ベクトルを表す．ベクトル $\nabla f(\boldsymbol{x})$ は各点 $\boldsymbol{x}$ における関数 $f(\boldsymbol{x})$ の等位線に直交し，関数値が増大する方向を示す．そして，条件 $\nabla f(\boldsymbol{x}^*) = \boldsymbol{O}$ を満たす点 $\boldsymbol{x}$ は関数 $f(\boldsymbol{x})$ の停留点となり，停留点には，極小点，鞍点，極大点がある．

一方，極値となるための十分条件は，多変数関数のテイラーの定理を考えれば理解できる．例えば2変数関数の場合を考えると，$(x, y) = (a, b)$ に対し，関数値 $f(a, b)$ とその近傍の点 $(x, y) = (a+h, b+k)$ での関数値 $f(a+h, b+k)$ との差 $f(a+h, b+k) - f(a, b)$ は以下のように表される．

$$
\begin{aligned}
&f(a+h, b+k) - f(a, b) \\
&= Df(a, b) + \frac{1}{2!}D^2 f(a, b) + \frac{1}{3!}D^3 f(a, b) + \cdots
\end{aligned} \tag{4.3}
$$

ここに，

$$
Df(a, b) = h f_x(a, b) + k f_y(a, b)
$$
$$
D^2 f(a, b) = h^2 f_{xx}(a, b) + 2hk f_{xy}(a, b) + k^2 f_{yy}(a, b)
$$

82　　　第 4 章　多変数関数の微分

$$D^3 f(a,b) = h^3 f_{xxx}(a,b) + 3h^2 k f_{xxy}(a,b) + 3hk^2 f_{xyy}(a,b) + k^3 f_{yyy}(a,b)$$

h, k が十分小さいとき，式 (4.3) 中の右辺の正負は第 1 項あるいは第 2 項の正負によって決まる．このうち，第 1 項については，先の必要条件（$\nabla f(a,b) = 0$）より常に 0 となる．したがって，式 (4.3) 中の右辺の正負は第 2 項の正負で決めれば良い．以下，それぞれを場合分けして考える．

【極小，即ち $f(a+h, b+k) > f(a,b)$ の条件】：

(1)　$f_x(a,b) = 0$, $f_y(a,b) = 0$　　　（必要条件）

(2)　$f_{xx}(a,b) = A$, $f_{xy}(a,b) = B$, $f_{yy}(a,b) = C$ とすれば，

$$D^2 f(a,b) = Ah^2 + 2Bhk + Ck^2$$

$$= A\left\{ \left(h + \frac{B}{A}k \right)^2 + \left(\frac{AC - B^2}{A^2} \right) k^2 \right\}$$

　　よって　　$A > 0$ かつ $AC - B^2 > 0$　　　（十分条件）

【極大，即ち $f(a+h, b+k) < f(a,b)$ の条件】：

(1)　$f_x(a,b) = 0$, $f_y(a,b) = 0$　　　（必要条件）

(2)　$A < 0$ かつ $AC - B^2 > 0$　　　（十分条件）

【極値でない条件】：$AC - B^2 < 0$

【極値が判定できない条件】：$AC - B^2 = 0$（$h + \frac{B}{A}k \neq 0$ であれば，$f(a+h, b+k) - f(a,b)$ は A と同じ符号であるが，$h + \frac{B}{A}k = 0$ のとき，1 変数の場合と同じくさらに高階微分を見なければならない）

4.7.2　等式制約最適化問題

　等式制約最適化問題とは，「m 個の等式制約条件，$g_1(\boldsymbol{x}) = 0$, $g_2(\boldsymbol{x}) = 0, \ldots,$ $g_m(\boldsymbol{x}) = 0$ の下で，目的関数 $f(\boldsymbol{x})$ を最小化する $\boldsymbol{x}$ を求めよ」という問題である．

　例を通じて考えてみる．例えば，$m = 2$, $n = 4$ として，2 個の等式制約条件

$$\begin{cases} g_1(x_1, x_2, x_3, x_4) = 0 \\ g_2(x_1, x_2, x_3, x_4) = 0 \end{cases} \tag{4.4}$$

の下で，目的関数 $f(x_1, x_2, x_3, x_4)$ を考えよ．

　制約条件 (4.4) を陰関数と見なせば，(4.4) から x_3, x_4 を x_1, x_2 の関数として求めることができる．

4.7 関数の極値 **83**

$$\begin{cases} x_3 = x_3(x_1, x_2) \\ x_4 = x_4(x_1, x_2) \end{cases} \tag{4.5}$$

したがって，問題は 2 つの独立変数 x_1 と x_2 の関数

$$f\big(x_1, x_2, x_3(x_1, x_2), x_4(x_1, x_2)\big)$$

の無制約最適化問題となり，その最適解に関する必要条件は

$$df = \frac{\partial f}{\partial x_1}\, dx_1 + \frac{\partial f}{\partial x_2}\, dx_2 + \frac{\partial f}{\partial x_3}\, dx_3 + \frac{\partial f}{\partial x_4}\, dx_4 = 0 \tag{4.6}$$

のように書ける．ただし，ここでは，dx_3, dx_4 は dx_1, dx_2 の関数で，制約条件 (4.4) から得られる次式

$$dg_1 = \frac{\partial g_1}{\partial x_1}\, dx_1 + \frac{\partial g_1}{\partial x_2}\, dx_2 + \frac{\partial g_1}{\partial x_3}\, dx_3 + \frac{\partial g_1}{\partial x_4}\, dx_4 = 0 \tag{4.7}$$

$$dg_2 = \frac{\partial g_2}{\partial x_1}\, dx_1 + \frac{\partial g_2}{\partial x_2}\, dx_2 + \frac{\partial g_2}{\partial x_3}\, dx_3 + \frac{\partial g_2}{\partial x_4}\, dx_4 = 0 \tag{4.8}$$

を満足しなければならない．

　極小解を求めるためには，2 通りの方法がある．1 つは，直接解法として，連立方程式 (4.7) と (4.8) から dx_3, dx_4 を dx_1, dx_2 の関数として求め，式 (4.6) に代入して，次式

$$df = A(x_1, x_2, x_3, x_4)\, dx_1 + B(x_1, x_2, x_3, x_4)\, dx_2 = 0 \tag{4.9}$$

のような形に整理する．ここでは，dx_1 と dx_2 は独立であるので，式 (4.9) を満たすために，

$$\begin{cases} A(x_1, x_2, x_3, x_4) = 0 \\ B(x_1, x_2, x_3, x_4) = 0 \end{cases} \tag{4.10}$$

でなければならない．式 (4.4), (4.10) を合わせて 4 つの式があるので，これらの式から 4 つの未知数 x_1, x_2, x_3, x_4 を求めることができる．

　もう 1 つは，**ラグランジュ未定乗数法**と呼ばれる，より便利な方法である．

　式 (4.6), (4.7), (4.8) にそれぞれ 1, λ_1, λ_2 を掛けてそれらの和を計算すると，次式

$$\left(\frac{\partial f}{\partial x_1} + \lambda_1 \frac{\partial g_1}{\partial x_1} + \lambda_2 \frac{\partial g_2}{\partial x_1} \right) dx_1 + \left(\frac{\partial f}{\partial x_2} + \lambda_1 \frac{\partial g_1}{\partial x_2} + \lambda_2 \frac{\partial g_2}{\partial x_2} \right) dx_2$$

$$+ \left(\frac{\partial f}{\partial x_3} + \lambda_1 \frac{\partial g_1}{\partial x_3} + \lambda_2 \frac{\partial g_2}{\partial x_3} \right) dx_3 + \left(\frac{\partial f}{\partial x_4} + \lambda_1 \frac{\partial g_1}{\partial x_4} + \lambda_2 \frac{\partial g_2}{\partial x_4} \right) dx_4 = 0$$

$$\tag{4.11}$$

84　　　　　　　　　第 4 章　多変数関数の微分

が得られる.

ここで，もし次の方程式

$$\begin{cases} \dfrac{\partial f}{\partial x_3} + \lambda_1 \dfrac{\partial g_1}{\partial x_3} + \lambda_2 \dfrac{\partial g_2}{\partial x_3} = 0 \\[2mm] \dfrac{\partial f}{\partial x_4} + \lambda_1 \dfrac{\partial g_1}{\partial x_4} + \lambda_2 \dfrac{\partial g_2}{\partial x_4} = 0 \end{cases} \tag{4.12}$$

の根を λ_1 と λ_2 の値とすれば，式 (4.11) は

$$\left(\frac{\partial f}{\partial x_1} + \lambda_1 \frac{\partial g_1}{\partial x_1} + \lambda_2 \frac{\partial g_2}{\partial x_1} \right) dx_1 + \left(\frac{\partial f}{\partial x_2} + \lambda_1 \frac{\partial g_1}{\partial x_2} + \lambda_2 \frac{\partial g_2}{\partial x_2} \right) dx_2 = 0$$

$$\tag{4.13}$$

となる．dx_1 と dx_2 は独立であるので，式 (4.13) を満たすために，

$$\begin{cases} \dfrac{\partial f}{\partial x_1} + \lambda_1 \dfrac{\partial g_1}{\partial x_1} + \lambda_2 \dfrac{\partial g_2}{\partial x_1} = 0 \\[2mm] \dfrac{\partial f}{\partial x_2} + \lambda_1 \dfrac{\partial g_1}{\partial x_2} + \lambda_2 \dfrac{\partial g_2}{\partial x_2} = 0 \end{cases} \tag{4.14}$$

即ち，ラグランジュ未定乗数法では，2 つの未知数 λ_1, λ_2 が導入され，未知数は 6 個（x_1, x_2, x_3, x_4 と λ_1, λ_2）となるが，これらの未知数は，式 (4.4), (4.12), (4.14) 計 6 個の方程式から求まる.

極値となるための必要条件として，ラグランジュ未定乗数法を用いると m 個の等式制約条件：$g_1(\boldsymbol{x}) = 0, g_2(\boldsymbol{x}) = 0, \ldots, g_m(\boldsymbol{x}) = 0$ の下で，$\boldsymbol{x}^*$ が目的関数 $f(\boldsymbol{x})$ の極小解であるための必要条件は，m 個の実数 $\lambda_1, \ldots, \lambda_m$ が存在し，次式 (4.15), (4.16) が満たされることである.

$$\nabla f(\boldsymbol{x}^*) - \lambda_1 \nabla g_1(\boldsymbol{x}^*) - \cdots - \lambda_m \nabla g_m(\boldsymbol{x}^*) = 0 \tag{4.15}$$

$$\begin{cases} g_1(\boldsymbol{x}^*) = 0 \\ \cdots \\ g_m(\boldsymbol{x}^*) = 0 \end{cases} \tag{4.16}$$

また，ラグランジュ関数と呼ばれる関数 $L(\boldsymbol{x}, \boldsymbol{\lambda})$ を

$$\begin{aligned} L(\boldsymbol{x}, \boldsymbol{\lambda}) &= f(\boldsymbol{x}) - \boldsymbol{\lambda}^T \boldsymbol{g}(\boldsymbol{x}) \\ &= f(\boldsymbol{x}) - \lambda_1 g_1(\boldsymbol{x}) - \cdots - \lambda_m g_m(\boldsymbol{x}) \end{aligned} \tag{4.17}$$

と定義すると，必要条件 (4.15) と (4.16) は，

$$\nabla_x L(\boldsymbol{x}^*, \boldsymbol{\lambda}^*) = \boldsymbol{O} \tag{4.18}$$

$$\nabla_\lambda L(\boldsymbol{x}^*, \boldsymbol{\lambda}^*) = \boldsymbol{O} \tag{4.19}$$

と書ける.

■ 例題 4.5 ■

空間の中の一点 (a, b, c) から平面

$$Ax + By + Cz + D = 0 \tag{1}$$

までの最短距離を求めよ.

【解答】 これは,変数 (x, y, z) に関して,制約条件 (1) の下で目的関数

$$r^2 = (x-a)^2 + (y-b)^2 + (z-c)^2 \tag{2}$$

を最小化する問題である.

ラグランジュ関数

$$L = (x-a)^2 + (y-b)^2 + (z-c)^2 + \lambda(Ax + By + Cz + D) \tag{3}$$

に対して,$\nabla_x L = \boldsymbol{O}$ から

$$x = a - \frac{1}{2}\lambda A, \quad y = b - \frac{1}{2}\lambda B, \quad z = c - \frac{1}{2}\lambda C$$

が得られる.これらを $\nabla_\lambda L = \boldsymbol{O}$,即ち条件式 (1) に代入して,

$$\lambda = \frac{2(Aa + Bb + Cc + D)}{A^2 + B^2 + C^2}$$

と得られる.よって,最短距離は

$$r = \frac{1}{2}\sqrt{\lambda^2(A^2 + B^2 + C^2)} = \frac{|Aa + Bb + Cc + D|}{\sqrt{A^2 + B^2 + C^2}}$$

である. ★

4.7.3 不等式制約最適化問題

不等式制約最適化問題とは,「m 個の不等式制約条件:$g_1(\boldsymbol{x}) \geq 0$, $g_2(\boldsymbol{x}) \geq 0, \ldots, g_m(\boldsymbol{x}) \geq 0$ の下で,目的関数 $f(\boldsymbol{x})$ を最小化する $\boldsymbol{x}$ を求めよ」という問題である.

(1) 不等式制約最適化問題は,境界 $g_1(\boldsymbol{x}) = 0$, $g_2(\boldsymbol{x}) = 0, \ldots, g_m(\boldsymbol{x}) = 0$ およびそれらの境界によって囲まれる領域内の点 $\boldsymbol{x}$ について目的関数 $f(\boldsymbol{x})$ を最

小化する $\boldsymbol{x}^*$ を求める問題と考えると，点 $\boldsymbol{x}^*$ が領域の中にあるとき（例えば，$x \geq -1, y \geq -1, -x \geq -1, -y \geq -1$ の 4 個の不等式制約条件の下での目的関数 $x^2 + y^2 - 2$ に対して，最適化点 $x = 0, y = 0$ が領域の中にある），無制約最適化問題として，4.7.1 項の式 (4.1) から求めればよい．また，点 $\boldsymbol{x}$ が境界の上にあるとき（例えば，$x \geq -1, y \geq -1, -x \geq -1, -y \geq -1$ の 4 個の不等式制約条件の下での目的関数 $x^2 - 10y$ に対して，最適化点 $x = 0, y = 1$ が境界 $-y = -1$ の上にある），等式制約最適化問題として，関与する境界条件のみを含む，前項の式 (4.15)，式 (4.16) から求めればよい．したがって，考え方そのものは難しくない．難しい点は，最適点が境界にあるかそれとも領域内にあるかとの判断と，境界上にあるとき，関与する制約条件の判断，などにある．
(2) 設計変数を 2 つ：x_1, x_2 として，最適点 $\boldsymbol{x}^*$ が境界上にあるときの条件について考えると，
(a) まず，図 4.5 を用いて，1 つの制約条件 $g(x_1, x_2) \geq 0$ による許容集合の境界，即ち臨界点を表す線 $g(x_1, x_2) = 0$ の上の点について考える．

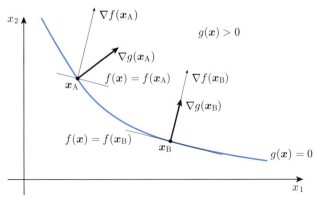

図 4.5　1 つの制約条件 $g(x_1, x_2) \geq 0$ での許容集合と境界

図 4.5 の点 $\boldsymbol{x}_\mathrm{A}$ では，目標関数の勾配ベクトル $\nabla f(\boldsymbol{x}_\mathrm{A})$ と制約関数の勾配ベクトル $\nabla g(\boldsymbol{x}_\mathrm{A})$ との角度からわかるように，点 $\boldsymbol{x}_\mathrm{A}$ を通る目標関数 $f(x_1, x_2)$ の等位線 $f(\boldsymbol{x}) = f(\boldsymbol{x}_\mathrm{A})$ は境界線 $g(\boldsymbol{x}) = 0$ とある角度で交わっている（即ち，接していない）．このことから，許容領域内の $\boldsymbol{x}_\mathrm{A}$ の近傍に，$f(\boldsymbol{x}_\mathrm{A})$ より小さい値をとる点が存在することがわかる．

4.7 関数の極値

これに対して，点 x_B では，目標関数の勾配ベクトル $\nabla f(x_B)$ は制約関数の勾配ベクトル $\nabla g(x_B)$ と同じ方向であり，点 x_B を通る目標関数 $f(x_1, x_2)$ の等位線は境界線 $g(x) = 0$ と接しているので，点 x_B は極小最適解となる．このことを式で表すと

$$\nabla f(x_B) = \lambda \cdot \nabla g(x_B)$$
$$\lambda > 0$$

が得られる．

(b) 次は，図 4.6 を用いて 2 つの境界の交点について考える．

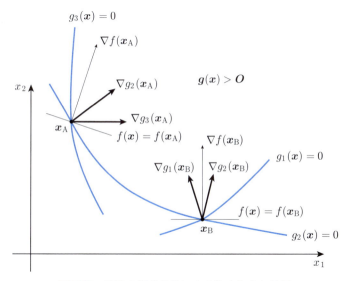

図 4.6 複数の制約条件による許容集合と境界

図 4.6 では，交点 x_A を通る目標関数 $f(x_1, x_2)$ の等位線 $f(x) = f(x_A)$ は境界線と交わり，許容領域の中を通っていることからわかるように，さらに $f(x^*) < f(x_A)$ となる点 x^* が許容領域の中に存在する．このとき，目標関数の勾配ベクトル $\nabla f(x_A)$，点 x_A を通る 2 つの制約関数 $g_2(x_1, x_2) = 0$ と $g_3(x_1, x_2) = 0$ の勾配ベクトル $\nabla g_2(x_A)$ と $\nabla g_3(x_A)$ について，次式

$$\nabla f(x_A) = \lambda_2 \cdot \nabla g_2(x_A) + \lambda_3 \cdot \nabla g_3(x_A)$$

88　　　　　　第 4 章　多変数関数の微分

を満たす実数 λ_2, λ_3 を求めてみると，$\nabla f(\boldsymbol{x}_\mathrm{A})$ は，2 つのベクトル $\nabla g_2(\boldsymbol{x}_\mathrm{A})$ と $\nabla g_3(\boldsymbol{x}_\mathrm{A})$ で挟まれる角度の外にあるため，$\lambda_2 < 0$ または $\lambda_3 < 0$ となる．

　これに対して，点 $\boldsymbol{x}_\mathrm{B}$ を通る目標関数 $f(x_1, x_2)$ の等位線と境界線 $g_1(x_1, x_2) = 0$ および $g_2(x_1, x_2) = 0$ との交点は，点 $\boldsymbol{x}_\mathrm{B}$ だけである．このとき，点 $\boldsymbol{x}_\mathrm{B}$ は局所最適解となり，また $\nabla f(\boldsymbol{x}_\mathrm{B})$ は，2 つのベクトル $\nabla g_1(\boldsymbol{x}_\mathrm{B})$ と $\nabla g_2(\boldsymbol{x}_\mathrm{B})$ で挟まれる角度の中にあるため，次式

$$\nabla f(\boldsymbol{x}_\mathrm{B}) = \lambda_2 \cdot \nabla g_2(\boldsymbol{x}_\mathrm{B}) + \lambda_3 \cdot \nabla g_3(\boldsymbol{x}_\mathrm{B}) \tag{4.20}$$

を満たす正の λ_2 と正の λ_3 が存在する．

　以上の考え方に基づけば，不等式制約最適化問題の極小解に関する **KKT**（Karush–Kuhn–Tucker）の必要条件は理解できる．

● KKT の必要条件

　m 個の不等式制約条件：$g_1(\boldsymbol{x}) \geq 0$, $g_2(\boldsymbol{x}) \geq 0$, $\ldots$, $g_m(\boldsymbol{x}) \geq 0$ の下で，$\boldsymbol{x}^*$ が関数 $f(\boldsymbol{x})$ の極小解であるための必要条件は，

$$\nabla f(\boldsymbol{x}^*) - \lambda_1 \nabla g_1(\boldsymbol{x}^*) - \cdots - \lambda_m \nabla g_m(\boldsymbol{x}^*) = 0 \tag{4.21}$$

$$\lambda_i g_i(\boldsymbol{x}^*) = 0 \quad (i = 1, 2, \ldots, m) \tag{4.22}$$

$$\boldsymbol{g}(\boldsymbol{x}^*) \geq \boldsymbol{O} \tag{4.23}$$

$$\boldsymbol{\lambda} \geq \boldsymbol{O} \tag{4.24}$$

を満たす $\boldsymbol{\lambda}$ が存在することである．

　また，等式制約の場合と同様に，ラグランジュ関数 $L(\boldsymbol{x}, \boldsymbol{\lambda})$ を

$$\begin{aligned} L(\boldsymbol{x}, \boldsymbol{\lambda}) &= f(\boldsymbol{x}) - \boldsymbol{\lambda}^T \boldsymbol{g}(\boldsymbol{x}) \\ &= f(\boldsymbol{x}) - \lambda_1 g_1(\boldsymbol{x}) - \cdots - \lambda_m g_m(\boldsymbol{x}) \end{aligned} \tag{4.25}$$

と定義すると，必要条件の式 (4.21) は，

$$\nabla_x L(\boldsymbol{x}^*, \boldsymbol{\lambda}^*) = \boldsymbol{O} \tag{4.26}$$

と書ける．

　これらの条件は次のように理解される．即ち，条件式 (4.21) は，考え方の (b) に述べた式 (4.20) の拡張であり，条件式 (4.22) は，条件式 (4.21) に，局所的に関係しない制約条件を除くためのものである．局所的に関係しない制約条件では，$g_k(\boldsymbol{x}^*) > 0$ であるので，条件式 (4.22) により $\lambda_k = 0$ となる．

演習問題

4.7.1 以下の 2 次計画問題を考え，KKT の必要条件を考慮して最適解を求めよ．

$$\begin{cases} \text{最小化：} & f(x_1, x_2) = \frac{1}{2}\{(x_1-8)^2 + (x_2-6)^2\}^2 \\ \text{制約条件：} & 3x_1 + x_2 \leq 15 \\ & x_1 + 2x_2 \leq 10 \\ & x_1 + x_2 \leq 3 \\ & x_1 \geq 0 \\ & x_2 \geq 0 \end{cases} \quad (4.27)$$

第5章

多変数関数の積分

　この章では，多変数関数の積分について説明する．重積分の場合，積分範囲を表すパラメータが複数あるが，累次積分を利用して各変数での範囲に注目しながら計算を行う．したがって，各変数での積分の計算は高校で学ぶ1変数関数での積分と同様だが，難しいのは各変数の範囲を正しく求めることであり，かつそれが重要である．そのために，まず積分順序の変更を行いながら，その上で，偏微分を使った様々な問題の計算（極大値・極小値の計算，最大値・最小値の計算，接平面や法平面の計算等）方法について詳しく説明する．

5.1 重積分の定義

5.1.1 1変数関数の積分（= 単積分）

　1変数の関数 $y = f(x)$ の定積分 $\int_a^b f(x)\,dx$ の定義は，次のように2通りある（図 5.1）．

● 図形の面積としての定義

　$a < b$ のとき，区間 $[a, b]$ で常に $f(x) \geq 0$ ならば，定積分

$$\int_a^b f(x)\,dx$$

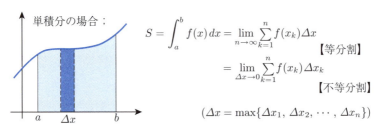

図 5.1　1変数関数における積分の定義

は，$y = f(x)$ のグラフと直線 $x = a$, $x = b$ および x 軸で囲まれた図形の面積 S に等しい．即ち，**区分求積法**に基づいて考えると，区間 $[a, b]$ を n 等分して，分割点の座標を a に近いほうから順に $x_1, x_2, \ldots, x_{n-1}$ とし，

$$a = x_0, \quad b = x_n, \quad \frac{b-a}{n} = \Delta x$$

とおくとき，分割して得られた n 個の長方形の面積の和

$$f(x_1)\Delta x + f(x_2)\Delta x + \cdots + f(x_n)\Delta x = \sum_{k=1}^{n} f(x_k)\Delta x$$

は図形の面積 S の近似値となり，S は $n \to \infty$ のときの $\sum_{k=1}^{n} f(x_k)\Delta x$ の極限値と考えられる．よって，

$$\lim_{n \to \infty} \sum_{k=1}^{n} f(x_k)\Delta x = \int_a^b f(x)\, dx$$

● **より一般性がある定義**

$f(x)$ が区間 $[a, b]$ で有界な関数（必ずしも $f(x) \geq 0$ ではない）とする．定積分

$$\int_a^b f(x)\, dx$$

の区間 $[a, b]$ を分割し（必ずしも等分割ではない），各分割区間 $[x_{i-1}, x_i]$ の長さを h_i とするとき，$f(x)$ が積分可能な関数であれば，定積分 $\int_a^b f(x)\, dx$ は次のように定義される．

$$\int_a^b f(x)\, dx = \lim_{h \to 0} \sum f(\xi_i) h_i$$

ここで，

(1) $h_i = x_i - x_{i-1}$

(2) ξ_i は小区間 $[x_{i-1}, x_i]$ 内の任意の一点であり，$\xi_i \in [x_{i-1}, x_i]$.

(3) h は各分割小区間の長さ $h_1, h_2, \ldots, h_n$ の中で最も大きいものであり，$h = \max(h_1, h_2, \ldots, h_n)$.

5.1.2　2変数関数の重積分

2変数関数 $z = f(x, y)$ の重積分 $\iint_D f(x, y)\, dxdy$ も，同様にこの2つの定義から理解される（図5.2）．

● 体積としての定義

2 変数関数の場合，平面上の領域 D を考える．そして曲面 $z = f(x,y)$ の下のこの部分（つまり D を底面とし，z 軸に平行な直線からなる柱状体で面 $f(x,y)$ より下の部分）の体積を考える．体積を各微小直方体の体積の和で近似する．以下に具体的な手順を示す．

(1) 区間を多くの，y 軸に平行な線（x は定数）と x 軸に平行な線（y は定数）の細線で分割する．

(2) それによってできる長方形の面積を $\Delta\sigma_{ij} = \Delta x_i \Delta y_j$ とする．

(3) その長方形内の任意の点 (ξ_i, η_j) における関数 $f(x,y)$ の値を $f(\xi_i, \eta_j)$ とすると，$f(\xi_i, \eta_j)\Delta\sigma_{ij}$ は，この微小直方体の体積である．

(4) 曲面 $f(x,y)$ より下の柱状体の体積 V は，分割を限りなく細かくしていくときの，それらの直方体の体積の和で計算される．

$$V = \iint_D f(x,y)\,dxdy$$
$$= \lim_{\substack{\Delta x \to 0 \\ \Delta y \to 0}} \sum\sum f(\xi_i, \eta_j)\Delta x_i \Delta y_j$$

● より一般性がある定義

$f(x,y)$ が区間 D で有界な関数（必ずしも $f(x,y) \geq 0$ ではない）とする．区間 D を分割し（必ずしも等分割ではない，また必ずしも $x =$ 定数，$y =$ 定数の線群で分割するとは限らない），各区間の面積を $\Delta\sigma_{ij}$ として，2 重積分 $\iint_D f(x,y)\,dxdy$ は次のように定義される．

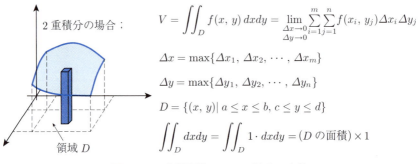

2 重積分の場合：

$$V = \iint_D f(x,y)\,dxdy = \lim_{\substack{\Delta x \to 0 \\ \Delta y \to 0}} \sum_{i=1}^{m}\sum_{j=1}^{n} f(x_i, y_j)\Delta x_i \Delta y_j$$

$\Delta x = \max\{\Delta x_1, \Delta x_2, \cdots, \Delta x_m\}$

$\Delta y = \max\{\Delta y_1, \Delta y_2, \cdots, \Delta y_n\}$

$D = \{(x,y)|\, a \leq x \leq b, c \leq y \leq d\}$

$$\iint_D dxdy = \iint_D 1 \cdot dxdy = (D \text{ の面積}) \times 1$$

領域 D

図 5.2　2 変数関数における積分の定義

$$\iint_D f(x,y)\,dxdy = \lim_{\Delta\sigma \to 0} \sum f(\xi_i, \eta_j)\Delta\sigma_{ij}$$

ここで,
(1) $\Delta\sigma_{ij}$ は区間 ij の面積である.
(2) (ξ_i, η_j) は区間 ij 内の任意の一点である.
(3) $\Delta\sigma$ は小区間の面積 $\Delta\sigma_{ij}$ の中で最も大きいものであり,$\Delta\sigma = \max(\Delta\sigma_{ij})$ とする.

表5.1 定義まとめ

	$\int$	$\iint$
図形としての定義	囲まれた部分の面積	囲まれた部分の体積
一般的な定義	$\lim\limits_{\Delta x \to 0} \sum f(\xi_i) \Delta x_i$	$\lim\limits_{\substack{\Delta x \to 0 \\ \Delta y \to 0}} \sum\sum f(\xi_i, \eta_j) \Delta x_i \Delta y_j$
微小要素	dx	$dxdy$

5.1.3 3変数関数の重積分

以上の定義は,3変数以降の重積分にも拡張できる.例えば,$u = f(x,y,z)$ の3次元空間の領域 D での3重積分は次のように考えられる(図5.3).

$$\iiint_D f(x,y,z)\,dxdydz = \lim_{\Delta\sigma \to 0} \sum f(\xi_i, \eta_j, \zeta_k)\Delta\sigma_{ijk}$$

ここで,
(1) $\Delta\sigma_{ijk}$ は区間 ijk の体積である.
(2) (ξ_i, η_j, ζ_k) は区間 ijk 内の任意の一点である.
(3) $\Delta\sigma$ は各小領域の体積 $\Delta\sigma_{ijk}$ の中で最も大きいものであり,$\Delta\sigma = \max(\Delta\sigma_{ijk})$.

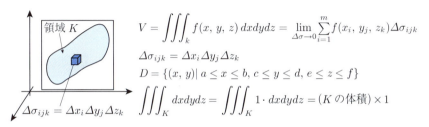

図5.3 3変数関数における積分の定義

94   第 5 章　多変数関数の積分

したがって，3 重積分は次のようになる．

$$\iiint_D dxdydz \qquad = 領域\ D\ の体積$$

$$\iiint_D \rho(x,y,z)\,dxdydz = 領域\ D\ の質量$$

ここで，$\rho(x,y,z)$ は密度関数である．

5.1.4　重積分の性質

　以上の定義からわかるように，1 重積分の各性質はそのまま多重積分の場合に適用できる．

(1)　和の重積分 = 重積分の和

$$\iint_D (c_1 f(x,y) + c_2 g(x,y))\,dxdy$$

$$= c_1 \iint_D f(x,y)\,dxdy + c_2 \iint_D g(x,y)\,dxdy$$

　（ただし，c_1, c_2 は定数）

(2)　もし，領域 D で $f(x,y) \leq \varphi(x,y)$ であれば，

$$\iint_D f(x,y)\,dxdy \leq \iint_D \varphi(x,y)\,dxdy$$

　が成り立つ．

(3)　領域全体の重積分 = 各部分領域の重積分の和

$$\iint_D f(x,y)\,dxdy = \iint_{D_1} f(x,y)\,dxdy + \iint_{D_2} f(x,y)\,dxdy$$

(4)　関数 $f(x,y)$ の領域 D 内の最大値と最小値をそれぞれ M と m とすれば，

$$mS \leq \iint_D f(x,y)\,dxdy \leq MS$$

　が常に成り立つ．ここで，S は領域 D の面積である．

(5)　積分における平均値の定理関数 $f(x,y)$ が閉領域 D 内で連続であれば，領域 D 内に以下の式

$$\iint_D f(x,y)\,dxdy = f(\xi,\eta) \cdot S$$

を満たす点 (ξ, η) が必ず存在する．なぜなら，上述の項目 (4) より

$$m \leq \frac{1}{S} \iint_D f(x,y)\,dxdy \leq M$$

であるので，領域 D 内に以下の式

$$f(\xi, \eta) = \frac{1}{S} \iint_D f(x,y)\,dxdy$$

を見たす点 (ξ, η) が必ず存在することは自明である．

5.1.5 重積分の計算

● 積分順序の変更

重積分の計算において，積分の順序は自由に変えてよい．以下にその要領を示す．

(1) まず，領域 D を描く．
　(a)：$x = x_{\min}$ と $x = x_{\max}$ の線を描く．
　(b)：その範囲内に，$y = \varphi_1(x)$ と $y = \varphi_2(x)$ の曲線を描く．
(2) 次は，$y = $ 定数の線を下から上へと移動して，
　(a)：交点が 2 以上の場合，領域を分ける．

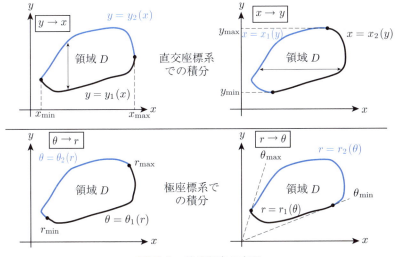

図 5.4　積分順序の変更

96　第5章　多変数関数の積分

(b)：各領域の $y_{\min}$ と $y_{\max}$ を求める.

(c)：各範囲内の $y = f(x)$ の逆関数, $x = \psi_1(y)$ と $x = \psi_2(y)$ を求める.

● 累次積分

重積分は, 2重積分を1重積分に直してから計算する. それは, 3.5.2項で書いた体積 V の計算で用いた積分（= 累次積分）と同様である.

まず, 2重積分を1重積分に直すためには, 次式が必要である. 立体の座標 x における断面積を $S(x)$ とすれば, この立体の2平面 $x = a$, $x = b$ $(a < b)$ の間にある部分の体積 V は, 次式で与えられる.

$$V = \int_a^b S(x)\, dx$$

次に計算法を考える. D が4つの線

$$x = a, \qquad x = b, \qquad (a < b)$$
$$y = \varphi_1(x), \quad y = \varphi_2(x), \quad (\varphi_1(x) < \varphi_2(x))$$

で囲まれた領域のとき,

$$\iint_D f(x,y)\, dxdy = \int_a^b dx \int_{\varphi_1(x)}^{\varphi_2(x)} f(x,y)\, dy$$

【証明】　(1)　まず座標 x における断面積 $S(x)$ を求める. 区間内のある一点 x_0 に, 面 yOz に平行である平面による立体の断面を考える. この断面は, 区間 $[\varphi_1(x_0), \varphi_2(x_0)]$ を底辺, 曲線 $f(x_0, y)$ を上の境界とし, 両側は直線 $y = \varphi_1(x_0)$, $y = \varphi_2(x_0)$ で囲まれている図形である. したがって, その面積は

$$S(x_0) = \int_{\varphi_1(x_0)}^{\varphi_2(x_0)} f(x_0, y)\, dy$$

である. よって, 任意の一点 x において, その断面積は

$$S(x) = \int_{\varphi_1(x)}^{\varphi_2(x)} f(x, y)\, dy$$

(2)　次に累次積分を利用し, 先に求めた $S(x)$ を用いて積分を計算すると,

$$V = \int_a^b S(x)\, dx = \int_a^b dx \int_{\varphi_1(x)}^{\varphi_2(x)} f(x, y)\, dy$$

$$5.1 \quad \text{重積分の定義} \qquad \textbf{97}$$

(3) したがって,

$$V = \iint_D f(x, y)\, dxdy$$

であるので,

$$\iint_D f(x, y)\, dxdy = \int_a^b dx \int_{\varphi_1(x)}^{\varphi_2(x)} f(x, y)\, dy$$

が得られる. 即ち, ここでは, まず x をパラメータとし, $f(x, y)$ を y のみの関数と見なして, y について積分を行う. そして, 得られた断面積 $S(x)$ は x の関数であるので, x について区間 $[a, b]$ 上の定積分を計算すればよい.

$$\varphi_1(x) = c, \quad \varphi_2(x) = d$$

であるので, その重積分は,

$$\iint_D f(x, y)\, dxdy = \int_a^b dx \int_c^d f(x, y)\, dy$$

となる. ★

積分順序の変更は可能で, x を先に積分してもよい. D が 4 つの線

$$y = c, \qquad y = d, \qquad (c < d)$$
$$x = \psi_1(y), \quad x = \psi_2(y), \quad (\psi_1(y) < \psi_2(y))$$

で囲まれた領域のとき,

$$\iint_D f(x, y)\, dxdy = \int_c^d dy \int_{\psi_1(y)}^{\psi_2(y)} f(x, y)\, dx$$

が成り立つ.

以上をまとめると,

(1) y を先に積分する際, $x = $ 定数の線群(即ち y 軸に平行な直線)を, x の小さい所から大きい所へと移動して, 領域 D の境と接する両側の点を $x_{\min}$ と $x_{\max}$ とし, その範囲内の, 領域 D の境界との交点は 2 個となるが, 下の方は $y_1 = \varphi_1(x)$ であり, 上の方は $y_2 = \varphi_2(x)$ である.

(2) x を先に積分する際, $y = $ 定数の線群(即ち x 軸に平行な直線)を, y の小さい所から大きい所へと移動して, 領域 D の境界と接する両側

の点を $y_{\min}$ と $y_{\max}$ とし，その範囲内の，領域 D の境界との交点は 2 個となるが，左の方は $x_1 = \varphi_1(y)$ であり，右の方は $x_2 = \varphi_2(y)$ である．

(3) 領域が複雑で交点が 2 個以上となる場合，領域を分けてから積分する．

● 3 重積分

もし，空間領域 D が

$$\begin{aligned}
&x_{\min} = a, \quad &x_{\max} = b, \quad &(a < b) \\
&y_1 = \varphi_1(x), \quad &y_2 = \varphi_2(x), \quad &(\varphi_1(x) < \varphi_2(x)) \\
&z_1 = \psi_1(x, y), \quad &z_2 = \psi_2(x, y), \quad &(\psi_1(x, y) < \psi_2(x, y))
\end{aligned}$$

で囲まれた領域であれば，

$$\iiint_D f(x, y, z)\,dxdydz = \int_a^b dx \int_{\varphi_1(x)}^{\varphi_2(x)} dy \int_{\psi_1(x,y)}^{\psi_2(x,y)} f(x, y, z)\,dz$$

この場合，積分の上限と下限の決め方は，次のようである．まず，$x =$ 定数，$y =$ 定数の線群（即ち，z 軸に平行な線）（z を先に積分するので，z の他のすべての変数を一定とする）と領域の境界の 2 つの交点について考える．下の方は $z_1 = \psi_1(x, y)$，上の方は $z_2 = \psi_2(x, y)$ である．

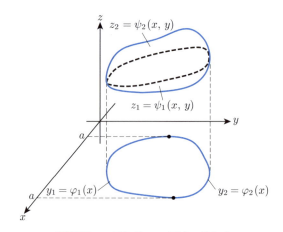

図 5.5 3 重積分での領域の考え方

そして，x, y のとりうる範囲について考える．そのために，空間領域の XY 平面への投影領域を考えればよい．それは，2重積分の場合と同様である．

演習問題

☐ **5.1.1** $\iint_{-1 \leq x \leq 1,\, -1 \leq y \leq 1} (x^2 + y^2)\, dxdy$ を求めよ．

☐ **5.1.2** D が線 $y = 1,\, x = 2,\, y = x$ で囲まれた領域のとき，$\iint_D xy\, dxdy$ を求めよ．

☐ **5.1.3** D が x 軸，y 軸および放物線 $x = \sqrt{1-y}$ で囲まれた領域のとき，$\iint_D 3x^2 y^2\, dxdy$ を求めよ．

☐ **5.1.4** D が直線 $y = x - 2$ と放物線 $y^2 = x$ で囲まれた領域のとき，$\iint_D xy\, dxdy$ を求めよ．

☐ **5.1.5** 以下の積分が成り立つことを確認しなさい．

(1)
$$\int_0^1 dx \int_0^{x^2} \sqrt{y - y^2}\, dy = \int_0^1 dy \int_{\sqrt{y}}^1 \sqrt{y - y^2}\, dx$$

(2)
$$\int_1^e dx \int_0^{\log x} f(x, y)\, dy = \int_0^1 dy \int_{e^y}^e f(x, y)\, dx$$

(3)
$$\int_0^\pi dx \int_{-\sin \frac{x}{2}}^{\sin x} f(x, y)\, dy$$
$$= \int_{-1}^0 dy \int_{-2\arcsin y}^\pi f(x, y)\, dx + \int_0^1 dy \int_{\arcsin y}^{\pi - \arcsin y} f(x, y)\, dx$$

☐ **5.1.6** D が三つの座標平面 $x = 0,\, y = 0,\, z = 0$ および平面 $x + 2y + z = 1$ で囲まれた領域のとき，$\iiint_D x\, dxdydz$ を求めよ．

☐ **5.1.7** $\iiint_D dxdydz,\ D\colon x + y + z \leq a,\ x \geq 0,\ y \geq 0,\ z \geq 0$ を求めよ．

☐ **5.1.8** $\iiint_D \sqrt{x + y + z}\, dxdydz,\ D\colon 0 \leq x \leq 1,\ 0 \leq y \leq 1,\ 0 \leq z \leq 1$ を求めよ．

☐ **5.1.9** $\iiint_D (x^2 + y^2 + z^2)\, dxdydz,\ D\colon x^2 + y^2 + z^2 \leq a^2,\ x \geq 0,\ y \geq 0,\ z \geq 0$ を求めよ．

100　　第 5 章　多変数関数の積分

5.2　変数の変換

5.2.1　変数変換 $x = \varphi(u, v),\ y = \psi(u, v)$ による 2 重積分の計算

3.1.2 項で説明した置換積分と同様，多変数関数においても適当な変換を行うことで，積分を計算することができる．また，変数変換は写像として表現されることもある．以下では 2 変数関数での変数変換を用いた重積分の計算について説明する．

変数変換 $x = \varphi(u, v),\ y = \psi(u, v)$ によって，xy 平面上の領域 D が uv 平面上の領域 K に写像されたとする．このとき，

$$\iint_D f(x, y)\, dxdy = \iint_K f(x(u, v), y(u, v))\, dudv$$

となるか？

例えば，D が xy 平面上の頂点が $(-2, -2),\ (-2, 2),\ (2, -2),\ (2, 2)$ にある正方形領域であるときの 2 重積分 $\iint_D x\, dxdy$ について考える．このとき，

$$
\begin{aligned}
\text{上の式の左辺} = \iint_D x\, dxdy &= \int_{-2}^{2} dx \int_{-2}^{2} x\, dy \\
&= \int_{-2}^{2} 4x\, dx \\
&= \left[2x^2 \right]_{-2}^{2} \\
&= 16
\end{aligned}
$$

そして，$x = 2u,\ y = 2v$ とすると，D は uv 平面上の頂点が $(-1, -1),\ (-1, 1),$ $(1, -1),\ (1, 1)$ にある正方形領域 K となる（図 5.6）．このとき，

$$
\begin{aligned}
\text{上の式の右辺} = \iint_K 2u\, dudv &= \int_{-1}^{1} du \int_{-1}^{1} 2u\, dv \\
&= \int_{-1}^{1} 4u\, du \\
&= \left[2u^2 \right]_{-1}^{1} \\
&= 4 \neq \text{左辺}
\end{aligned}
$$

このことについてつぎのように考える．

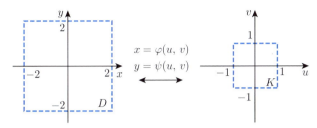

図 5.6 変数変換の例

(1) 重積分の定義によれば

$$\text{左辺} = \lim_{\Delta\sigma} f(x_i, y_j)\Delta\sigma_{ij}\Big|_{xy座標}$$

$$\text{右辺} = \lim_{\Delta\sigma} f\Big(x(u_i, v_j), y(u_i, v_j)\Big)\Delta\sigma_{ij}\Big|_{uv座標}$$

(2) 分割を1対1に対応させると，

$$f(x_i, y_j) = f\Big(x(u_i, v_j), y(u_i, v_j)\Big)$$

(3) 写像によって面積は

$$\Delta\sigma_{ij}\Big|_{xy座標} \neq \Delta\sigma_{ij}\Big|_{uv座標}$$

したがって，左右の式は等しくない．しかし，ここで，右辺を

$$\iint_K f(x(u,v), y(u,v)) \cdot J \cdot du dv$$

とすれば，両者は等しくなる．ここで，

$$J = \frac{\Delta\sigma_{ij}\Big|_{xy座標}}{\Delta\sigma_{ij}\Big|_{uv座標}}$$

である．したがって，J を求めればよい．

次に一般化して考える．

1つの微小4角形に注目して，その頂点は左と右の図では，それぞれ

A' 点　(u, v)　　　　　A 点　(x, y)

B' 点　$(u + \Delta u, v)$　　B 点　$\left(x + \dfrac{\partial x}{\partial u}\Delta u, y + \dfrac{\partial y}{\partial u}\Delta u\right)$

C′ 点　$(u+\Delta u, v+\Delta v)$　C 点　$\left(x+\dfrac{\partial x}{\partial u}\Delta u+\dfrac{\partial x}{\partial v}\Delta v, y+\dfrac{\partial y}{\partial u}\Delta u+\dfrac{\partial y}{\partial v}\Delta v\right)$

D′ 点　$(u, v+\Delta v)$　　　D 点　$\left(x+\dfrac{\partial x}{\partial v}\Delta v, y+\dfrac{\partial y}{\partial v}\Delta v\right)$

図 5.7 右図での長方形の面積は

$$\Delta\sigma_{ij}\Big|_{uv\,座標} = \Delta u \Delta v$$

図 5.7 左図については，

$$\overrightarrow{AB} = \frac{\partial x}{\partial u}\Delta u\,\vec{i} + \frac{\partial y}{\partial u}\Delta u\,\vec{j}$$

$$\overrightarrow{AD} = \frac{\partial x}{\partial v}\Delta v\,\vec{i} + \frac{\partial y}{\partial v}\Delta v\,\vec{j}$$

として，その平行四辺形の面積は

$$\begin{aligned}
\Delta\sigma_{ij}\Big|_{xy\,座標} &= \left|\overrightarrow{AB}\times\overrightarrow{AD}\right| \\
&= \left\|\begin{matrix} \vec{i} & \vec{j} & \vec{k} \\ \dfrac{\partial x}{\partial u}\Delta u & \dfrac{\partial y}{\partial u}\Delta u & 0 \\ \dfrac{\partial x}{\partial v}\Delta v & \dfrac{\partial y}{\partial v}\Delta v & 0 \end{matrix}\right\| \\
&= \left|\begin{matrix} \dfrac{\partial x}{\partial u} & \dfrac{\partial y}{\partial u} \\ \dfrac{\partial x}{\partial v} & \dfrac{\partial y}{\partial v} \end{matrix}\right|\Delta u \Delta v
\end{aligned}$$

となる．よって，以下のヤコビ行列式 J が変数変換した際の微小面積の対応の際に必要となる．

$$J = \left|\begin{matrix} \dfrac{\partial x}{\partial u} & \dfrac{\partial y}{\partial u} \\ \dfrac{\partial x}{\partial v} & \dfrac{\partial y}{\partial v} \end{matrix}\right| = \left|\begin{matrix} \dfrac{\partial x}{\partial u} & \dfrac{\partial x}{\partial v} \\ \dfrac{\partial y}{\partial u} & \dfrac{\partial y}{\partial v} \end{matrix}\right|$$

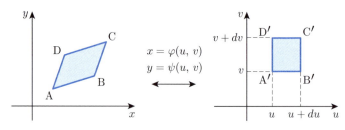

図 5.7　変数変換

5.2.2 極座標系における重積分

極座標で

$$x = r\cos\theta, \quad y = r\sin\theta$$

と置き換えて積分を行うことがある．例えば z 軸に対して軸対称な領域 D の中で x, y を動かす場合や，被積分関数 $f(x, y)$ が軸対称の関数の場合，この変換をすることで積分しやすくなる場合がある．この場合，ヤコビ行列式は

$$J = \begin{vmatrix} \frac{\partial x}{\partial u} & \frac{\partial x}{\partial v} \\ \frac{\partial y}{\partial u} & \frac{\partial y}{\partial v} \end{vmatrix} = \begin{vmatrix} \frac{\partial x}{\partial r} & \frac{\partial x}{\partial \theta} \\ \frac{\partial y}{\partial r} & \frac{\partial y}{\partial \theta} \end{vmatrix} = \begin{vmatrix} \cos\theta & -r\sin\theta \\ \sin\theta & r\cos\theta \end{vmatrix} = r$$

となる．したがって，

$$\iint_D f(x, y)\,dxdy = \iint_K f(r\cos\theta, r\sin\theta)r\,drd\theta$$

このことは，次のことからも理解される．重積分 $\iint_D f(x, y)\,dxdy$ は，

$$\iint_D f(x, y)\,dxdy = \lim_{\Delta\sigma \to 0} \sum f(\xi_i, \eta_j)\Delta\sigma$$

で定義されるものであり，本来分割の方法には無関係である．直交座標系の場合，$x = $ 定数と $y = $ 定数の線群で分割する．それによって得られた微小要素の面積 $\Delta\sigma$ は $\Delta x \Delta y$ である．

これに対して，極座標の場合，$r = $ 定数の線群（同心円）と $\theta = $ 定数の線群（射線）で分割する．$r, r + \Delta r, \theta, \theta + \Delta\theta$ の 4 本の線で囲まれた要素の面積は

$$\Delta\sigma = \frac{1}{2}(r + \Delta r)^2 \Delta\theta - \frac{1}{2}r^2 \Delta\theta$$

$$= r\Delta r\Delta\theta + \frac{1}{2}(\Delta r)^2 \Delta\theta$$

である．Δr と $\Delta\theta$ は十分小さいとき，

$$\Delta\sigma \cong r\Delta r\Delta\theta$$

であり，即ち面積は長さ Δr と $r\Delta\theta$ の長方形の面積に等しい．よって，重積分は，

$$\iint_D f(x, y)\,dxdy$$

$$= \sum 関数値 \times 面積$$
$$= \lim_{\Delta\sigma \to 0} \sum f(x_i, y_j)\Delta x \Delta y$$
$$= \lim_{\Delta\sigma \to 0} \sum f(r_i\cos\theta_j, r_i\sin\theta_j) r \Delta r \Delta\theta$$
$$= \iint_D f(r\cos\theta, r\sin\theta) r\, drd\theta$$

となる．そして，もし領域 D は 4 つの線
$$\theta_{\min} = \alpha, \quad \theta_{\max} = \beta \quad (\alpha < \beta)$$
$$r_1 = \varphi_1(\theta), \quad r_2 = \varphi_2(\theta), \quad (\varphi_1(\theta) < \varphi_2(\theta))$$
で囲まれた領域であれば，直交座標系の場合と同じように
$$\iint_D f(x,y)\, dxdy$$
$$= \iint_D f(r\cos\theta, r\sin\theta) r\, drd\theta$$
$$= \int_\alpha^\beta d\theta \int_{\varphi_1(\theta)}^{\varphi_2(\theta)} f(r\cos\theta, r\sin\theta) r\, dr$$

となる．

　この場合，積分の上限と下限の決め方は，x, y 座標系の場合と同様である．r を先に積分するので，$\theta =$ 定数を示す射線（つまり，先に積分する変数以外の変数を一定とする）を θ が小さい値から大きい値へと回転して，$\theta_{\min} = \alpha$ と $\theta_{\max} = \beta$ をまず決める．そして，その範囲内では射線 $\theta =$ 定数と領域の境界との交点が 2 つあるが，小さい方は $r_1 = \varphi_1(\theta)$ であり，大きい方は $r_2 = \varphi_2(\theta)$ である．

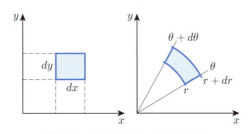

図 5.8 極座標を用いた座標変換

5.2 変数の変換 105

同様に，θ を先に積分することができる．即ち，もし領域 D が 4 つの線

$$r_{\min} = a, \qquad r_{\max} = b \qquad (a < b)$$
$$\theta_1 = \psi_1(r), \quad \theta_2 = \psi_2(r), \quad (\psi_1(r) < \psi_2(r))$$

で囲まれた領域であれば，

$$\iint_D f(x, y)\,dxdy$$
$$= \iint_D f(r\cos\theta, r\sin\theta)r\,drd\theta$$
$$= \int_a^b r\,dr \int_{\psi_1(r)}^{\psi_2(r)} f(r\cos\theta, r\sin\theta)\,d\theta$$

この場合，積分の上限と下限は，次のように決める．$r =$ 定数の同心円を r が小さい値から大きい値へと書いて，$r_{\min} = a$ と $r_{\max} = b$ をまず決めて，そして，その範囲内では同心円 $r =$ 定数と領域の境界との交点が 2 つあるが，小さい方は $\theta_1 = \psi_1(r)$ であり，大きい方は $\theta_2 = \psi_2(r)$ である．

■■ 例題 5.1 ■■

重積分を使って，半径 R の円の $\frac{1}{4}$ の面積を求めよ．

【解答】 計算する面積を S とおく．まず xy 座標系を使って面積を計算すると，

$$S = \iint_D dxdy = \int_0^R dx \int_0^{\sqrt{R^2 - x^2}} dy$$
$$= \int_0^R \sqrt{R^2 - x^2}\,dx$$
$$= \left[\frac{1}{2}x\sqrt{R^2 - x^2} + \frac{R^2}{2}\arcsin\frac{x}{R} \right]_0^R$$
$$= \frac{\pi R^2}{4}$$

一方，極座標変換（$x = r\cos\theta, y = r\sin\theta$）を用いると，

$$S = \iint_D r\,drd\theta$$
$$= \int_0^{\frac{\pi}{2}} d\theta \int_0^R r\,dr$$

106　　　　　　　　第5章　多変数関数の積分

$$= \frac{\pi R^2}{4} \; \bigstar$$

■ **例題 5.2** ■
半径 R_1 と R_2 の円環の領域 D について，$\iint_D \sqrt{x^2 + y^2}\, dxdy$ を求めよ．

【解答】

$$\iint_D \sqrt{x^2 + y^2}\, dxdy = \iint_D r^2\, drd\theta$$
$$= \int_0^{2\pi} d\theta \int_{R_1}^{R_2} r^2\, dr$$
$$= \frac{2\pi(R_2^3 - R_1^3)}{3} \; \bigstar$$

■ **例題 5.3** ■
$r = 2a\cos\theta$ で囲まれた領域の面積を求めよ．

【解答】　r を先に積分すると以下のように求まる．

$$\theta_{\min} = -\frac{\pi}{2}, \qquad \theta_{\max} = \frac{\pi}{2}$$
$$r_1 = \varphi_1(\theta) = 0, \quad r_2 = \varphi_2(\theta) = 2a\cos\theta$$

$$\iint_D r\, drd\theta = \int_{-\frac{\pi}{2}}^{\frac{\pi}{2}} d\theta \int_0^{2a\cos\theta} r\, dr$$
$$= \int_{-\frac{\pi}{2}}^{\frac{\pi}{2}} (2a\cos\theta)^2/2\, d\theta$$
$$= a^2 \int_{-\frac{\pi}{2}}^{\frac{\pi}{2}} 2\cos^2\theta\, d\theta$$
$$= a^2 \int_{-\frac{\pi}{2}}^{\frac{\pi}{2}} (1 + \cos 2\theta)\, d\theta$$
$$= a^2 \left[\theta + \frac{\sin 2\theta}{2} \right]_{-\frac{\pi}{2}}^{\frac{\pi}{2}}$$
$$= \pi a^2$$

同様にして，θ を先に積分すると以下のように求まる．

$$r_{\min} = 0, \qquad r_{\max} = 2a$$
$$\theta_1 = \psi_1(r) = -\arccos\left(\frac{r}{2a}\right) \quad \theta_2 = \psi_2(r) = \arccos\left(\frac{r}{2a}\right)$$

$$\iint_D r\,drd\theta = \int_0^{2a} r\,dr \int_{-\arccos(\frac{r}{2a})}^{\arccos(\frac{r}{2a})} d\theta$$
$$= 2\int_0^{2a} \arccos\left(\frac{r}{2a}\right) r\,dr$$
$$= 2\left[\left(\frac{r^2}{2} - a^2\right)\arccos\left(\frac{r}{2a}\right) - \frac{r}{4}\sqrt{4a^2 - r^2}\right]_0^{2a}$$
$$= \pi a^2 \; ★$$

【公式】

$$\int x \arccos\frac{x}{b}\,dx = \left(\frac{x^2}{2} - \frac{b^2}{4}\right)\arccos\left(\frac{x}{b}\right) - \frac{x}{4}\sqrt{b^2 - x^2}$$

演習問題

5.2.1 $\iint_D \{(1-y)^2 + x^2\}^3\,dxdy$, $D = \{(x,y) \mid |x| \geq y \geq 1 - |x|\}$ を求めよ．

5.2.2 $\iint_D (x-y)e^{(x^2-y^2)}\,dxdy$, $D = \{(x,y) \mid 0 \geq x+y \geq 1, 1 \geq x-y \geq 4\}$ を求めよ．

5.2.3 $\iint_D \sqrt{1 - \frac{x^2}{a^2} - \frac{y^2}{b^2}}\,dxdy$ を求めよ．

5.2.4 直線
$$x+y = c, \quad x+y = d, \quad y = ax, \quad y = bx \quad (0 < c < d, 0 < a < b)$$
によって囲まれた閉領域 D の面積を求めよ．

5.2.5 $\iint_D e^{\frac{y-x}{y+x}}\,dxdy$ を求めよ．D は，x 軸，y 軸と直線 $x+y = 2$ によって囲まれた領域とする．

108　　　　第 5 章　多変数関数の積分

5.3　広義積分

これまでに，関数 $f(x, y)$ が有界閉領域で連続である場合に重積分を考えてきたが，1 変数の場合と同じように，重積分の定義をそれ以外の場合にも拡張できる．ここでは，その拡張として，関数が非有界関数の場合と積分領域が非有界領域の場合を考える．

5.3.1　非有界関数の場合

重積分の場合，例えば，$f(x, y) = r^{\alpha}$ $(\alpha < 0)$ のように，原点で有界ではない関数 $f(x, y)$ について，重積分 $\iint_D f(x, y)\, dxdy$, $D = \{(x, y) \mid 0 \leq x^2 + y^2 \leq 1\}$ を考える．このとき，

$$\iint_D r^{\alpha}\, dxdy = \int_0^{2\pi} \int_0^1 r^{\alpha} r\, drd\theta = \frac{2\pi}{\alpha + 2} r^{\alpha + 2} \Big|_0^1$$

$-2 < \alpha < 0$ であれば，広義積分 $\iint_D f(x, y)\, dxdy$ が存在する．

> **■ 例題 5.4 ■**
> $\iint_D \dfrac{xy}{(x^2 + y^2)^{\frac{3}{2}}}\, dxdy$ を求める．ただし，$D = \{(x, y) \mid 0 \leq x \leq 1, 0 \leq y \leq 1\}$

【解答】

$$\iint_D \frac{xy}{(x^2 + y^2)^{\frac{3}{2}}}\, dxdy = 2 \int_0^{\frac{\pi}{4}} \int_0^{\frac{1}{\cos\theta}} \frac{r^2 \sin\theta \cos\theta}{r^3} r\, drd\theta$$

$$= 2 \int_0^{\frac{\pi}{4}} \sin\theta\, d\theta$$

$$= -2 \cos\theta \Big|_0^{\frac{\pi}{4}} = 2\left(1 - \frac{\sqrt{2}}{2}\right) = 2 - \sqrt{2} \ \bigstar$$

5.3.2　非有界領域の場合

重積分 $\iint_D f(x, y)\, dxdy$, $D = \{(x, y) \mid A^2 \leq x^2 + y^2\}$ を考える．このとき，

$$\iint_D r^{\alpha}\, dxdy = \int_0^{2\pi} \int_A^{\infty} r^{\alpha} r\, drd\theta = \frac{2\pi}{\alpha + 2} r^{\alpha + 2} \Big|_A^{\infty}$$

$\lim_{r\to\infty} f(x,y) = r^\alpha$ $(\alpha < -2)$ であれば，広義積分 $\iint_D f(x,y)\,dxdy$ が存在する．

■例題 5.5■

$\iint_D \frac{1}{x^2 y^2}\,dxdy$ を求める．ただし，$D = \{(x,y) \mid 1 \leq x, 1 \leq y\}$

【解答】

$$\begin{aligned}
\iint_D \frac{1}{x^2 y^2}\,dxdy &= 2\int_0^{\frac{\pi}{4}} \int_{\frac{1}{\sin\theta}}^\infty \frac{1}{r^4 \cos^2\theta \sin^2\theta}\,r\,drd\theta \\
&= 2\int_0^{\frac{\pi}{4}} \frac{1}{\cos^2\theta \sin^2\theta} \left.\frac{-\frac{1}{2}}{r^2}\right|_{\frac{1}{\sin\theta}}^\infty d\theta \\
&= 2\int_0^{\frac{\pi}{4}} \frac{1}{\cos^2\theta \sin^2\theta} \frac{1}{2} \sin^2\theta\,d\theta \\
&= \int_0^{\frac{\pi}{4}} \frac{1}{\cos^2\theta}\,d\theta \\
&= \left.\tan\theta\right|_0^{\frac{\pi}{4}} = 1 \ \bigstar
\end{aligned}$$

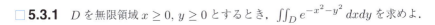

演習問題

5.3.1 D を無限領域 $x \geq 0, y \geq 0$ とするとき，$\iint_D e^{-x^2-y^2}\,dxdy$ を求めよ．

5.3.2 次の広義積分を計算せよ．

$$\iint_D \frac{dxdy}{(x+y)^{\frac{3}{2}}} \qquad D\colon 0 \leq x \leq 1,\, 0 \leq y \leq 1$$

5.4 重積分の応用

重積分の計算を応用して，複数の曲面で覆われた立体の表面積や体積を計算することができる．

5.4.1 体　積

2重積分 $V = \iint_D dxdy$ は領域 D を底面，高さ 1 の立体の体積を表す．

$V = \iint_D f(x,y)\,dxdy$ は領域 D を底面，高さ $f(x,y)$ の立体の体積を表す．また，$V = \iint_D \{f_2(x,y) - f_1(x,y)\}\,dxdy$ は領域 D を底面，2つの曲面 $Z = f_2(x,y)$ と $z = f_1(x,y)$ で囲まれた部分を高さとする立体の体積を表す（図 5.9）．

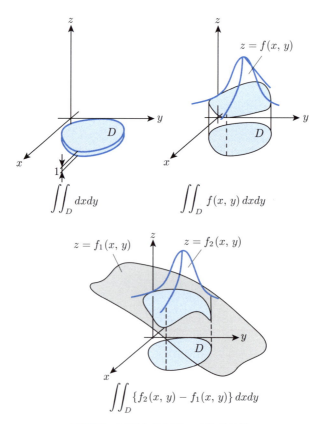

図 5.9　重積分の応用—立体の体積

5.4 重積分の応用

111

■ **例題 5.6** ■

だ円面 $\frac{x^2}{a^2} + \frac{y^2}{b^2} + \frac{z^2}{c^2} = 1$ の囲む体積を求めよ.

【解答】 ● 2 重積分を用いる場合；

$$f_2(x,y) = c\sqrt{1 - \frac{x^2}{a^2} - \frac{y^2}{b^2}}, \quad f_1(x,y) = -c\sqrt{1 - \frac{x^2}{a^2} - \frac{y^2}{b^2}}$$

また，D は $\frac{x^2}{a^2} + \frac{y^2}{b^2} \le 1$ のだ円であるが，変換

$$x = ar\cos\theta$$
$$y = br\sin\theta$$

を用いると，$|J| = abr$ であるので，

$$
\begin{aligned}
V &= \iint_D \{f_2(x,y) - f_1(x,y)\}\, dxdy \\
&= \int_0^{2\pi} d\theta \int_0^1 2c\sqrt{1 - \frac{x^2}{a^2} - \frac{y^2}{b^2}}\, abr\, dr \\
&= 2\pi \times abc \times \left[\frac{-2}{3}(1 - r^2)^{\frac{3}{2}}\right]_0^1 \\
&= \frac{4\pi abc}{3}
\end{aligned}
$$

● 3 重積分を用いる場合；変換

$$x = ar\sin\theta\cos\varphi$$
$$y = br\sin\theta\sin\varphi$$
$$z = cr\cos\theta$$

を用いると，

$$J = \begin{vmatrix} \frac{\partial x}{\partial r} & \frac{\partial x}{\partial \theta} & \frac{\partial x}{\partial \varphi} \\ \frac{\partial y}{\partial r} & \frac{\partial y}{\partial \theta} & \frac{\partial y}{\partial \varphi} \\ \frac{\partial z}{\partial r} & \frac{\partial z}{\partial \theta} & \frac{\partial z}{\partial \varphi} \end{vmatrix} = abcr^2\sin\theta$$

よって

$$V = \iint_\Omega dxdydz$$

$$= \int_0^\pi d\theta \int_0^{2\pi} d\varphi \int_0^1 abcr^2 \sin\theta\, dr$$
$$= \frac{4\pi abc}{3}$$

となる. ★

5.4.2 曲 面 積

例えば図 5.10 (a) のような曲面 $z = f(x, y)$ 上の微小面積 dS と，その xy 平面上への投影面積 dS' との対応について考える．それぞれの微小面積を平面と近似し，両面がなす角度を γ とすると，以下の関係が成り立つ（図 5.10 (b) 参照）．

$$dS = \frac{dS'}{\cos\gamma}$$

今，xy 平面で x, y を動かす領域を D とし，この領域 D に対応する曲面 $z = f(x, y)$ の面積を S とすると，

$$S = \frac{(\text{領域 } D \text{ の面積})}{\cos\gamma} = \frac{\iint_D dxdy}{\cos\gamma}$$

となる．

次にこの $\cos\gamma$ について曲面の式 $z = f(x, y)$ から考える．曲面 $z = f(x, y)$ 上の点 (x, y) における接平面の法線ベクトルは，$z > 0$ に向く方向を正と考え

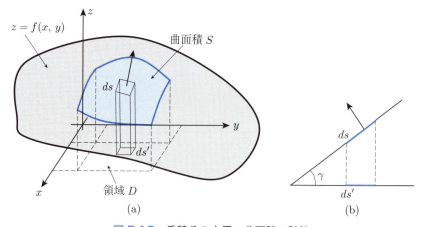

図 5.10　重積分の応用—曲面積の計算

5.4 重積分の応用　　　　**113**

ると $(-f_x(x,y), -f_y(x,y), 1)$ と考えられる．したがって，その方向余弦（単位法線ベクトル）は

$$\left(\frac{-f_x}{\sqrt{f_x^2 + f_y^2 + 1}}, \frac{-f_y}{\sqrt{f_x^2 + f_y^2 + 1}}, \frac{1}{\sqrt{f_x^2 + f_y^2 + 1}} \right)$$

と表現できる．今，方向余弦のうち，z 方向の成分 $\frac{1}{\sqrt{f_x^2 + f_y^2 + 1}} = \cos\gamma$ である．したがって，曲面 $z = f(x,y)$ の，xy 平面の領域 D の真上にある部分の面積は

$$S = \sum \Delta S = \sum \frac{\Delta S'}{\cos\gamma}$$
$$= \sum \sqrt{f_x^2 + f_y^2 + 1}\, \Delta x \Delta y$$
$$= \iint_D \sqrt{f_x^2 + f_y^2 + 1}\, dxdy$$

と表現できる．

■ 例題 5.7 ■

球面 $x^2 + y^2 + z^2 = a^2$ の曲面積を求めよ．

【解答】　曲面 $z = f(x,y) = \pm\sqrt{a^2 - x^2 - y^2}$ なので

$$f_x = \frac{-x}{\sqrt{a^2 - x^2 - y^2}}, \quad f_y = \frac{-y}{\sqrt{a^2 - x^2 - y^2}}$$

が得られる．したがって曲面積の式は以下のように表現できる．

$$S = \iint_D \sqrt{f_x^2 + f_y^2 + 1}\, dxdy = \iint_D \frac{a}{\sqrt{a^2 - x^2 - y^2}}\, dxdy$$
$$= \iint_D \frac{a}{z}\, dxdy$$

ここで，変数変換 $x = a\sin\theta\cos\varphi$，$y = a\sin\theta\sin\varphi$ を用いると，$|J| = a^2 \sin\theta\cos\theta$ なので

$$\frac{a}{\sqrt{a^2 - x^2 - y^2}} = \frac{a}{\sqrt{a^2 - a^2\sin^2\theta}} = \frac{1}{\cos\theta}$$

となり，曲面積は

$$S = \iint_D \frac{1}{\cos\theta} a^2 \sin\theta\cos\theta\, d\theta d\varphi$$

114　　　　　　第 5 章　多変数関数の積分

$$= \iint_D a^2 \sin\theta \, d\theta d\varphi$$

で求まる．★

5.4.3　重　心

平面上の n 個の点 (x_i, y_i) にある質量 m_i からなる質点系の重心は，

$$\bar{x} = \frac{\sum_{i=1}^n m_i x_i}{M}, \quad \bar{y} = \frac{\sum_{i=1}^n m_i y_i}{M}$$

である．ここに，$M = \sum_{i=1}^n m_i$. したがって，密度 $\rho(x, y)$ の平面領域 D の重心は

$$\bar{x} = \frac{1}{M} \iint_D x \, dm = \frac{1}{M} \iint_D \rho(x, y) x \, dxdy$$

$$\bar{y} = \frac{1}{M} \iint_D y \, dm = \frac{1}{M} \iint_D \rho(x, y) y \, dxdy$$

ここに，質量は，$M = \iint_D \rho(x, y) \, dxdy$

同様に，空間の領域 D については，その重心は

$$\bar{x} = \frac{1}{M} \iiint_D x \, dm = \frac{1}{M} \iiint_D \rho(x, y, z) x \, dxdydz$$

$$\bar{y} = \frac{1}{M} \iiint_D y \, dm = \frac{1}{M} \iiint_D \rho(x, y, z) y \, dxdydz$$

$$\bar{z} = \frac{1}{M} \iiint_D z \, dm = \frac{1}{M} \iiint_D \rho(x, y, z) z \, dxdydz$$

ここに，質量は，$M = \iiint_D \rho(x, y, z) \, dxdydz$. また，曲線の場合，例えば，曲線 $y = f(x)$ の単位長さの密度を $\rho(x)$ とすれば，$x = a$ から $x = b$ までの部分質量は，

$$M = \int_a^b \rho(x) \sqrt{1 + y'^2} \, dx$$

重心は，

$$\bar{x} = \frac{\int_a^b \rho(x) x \sqrt{1 + y'^2} \, dx}{\int_a^b \rho(x) \sqrt{1 + y'^2} \, dx}, \quad \bar{y} = \frac{\int_a^b \rho(x) y \sqrt{1 + y'^2} \, dx}{\int_a^b \rho(x) \sqrt{1 + y'^2} \, dx}$$

5.4 重積分の応用 **115**

■**例題 5.8**■

　半径 a の 4 分円の両端 A, B における接線の交点を O とするとき, 図形 AOB の重心を求めよ. ただし, 密度は一様とする.

【解答】 $\bar{x} = \bar{y}$ である.

$$D \text{ の面積} = \left(1 - \frac{\pi}{4}\right)a^2$$

また, $y = a - \sqrt{a^2 - (x-a)^2} \ (= y_1)$ とおくと,

$$\iint_D y\,dxdy = \int_0^a dx \int_0^{y_1} y\,dy = \int_0^a \frac{1}{2}\left\{a - \sqrt{a^2 - (x-a)^2}\right\}^2 dx$$
$$= \frac{1}{2}\left(\frac{5}{3} - \frac{\pi}{2}\right)a^3$$

したがって

$$\bar{y} = \frac{1}{2}\left(\frac{5}{3} - \frac{\pi}{2}\right)a^3 \div \left(1 - \frac{\pi}{4}\right)a^2 = \frac{10 - 3\pi}{3(4 - \pi)}a$$
$$\bar{x} = \bar{y} = \frac{10 - 3\pi}{3(4 - \pi)}a \ \ \bigstar$$

5.4.4 慣性能率

　慣性能率は力学によく使う概念である. まず, 力学から説明する. 質量 m の質点が, 長さ r の質量が無視できるワイヤーの上に固定され, 中心 z の周りに回転する. ニュートンの法則によれば, その加速度を a とすれば, 力 F は,

$$F = ma$$

この力 F によるモーメント L は

$$L = Fr = mar = m\alpha r^2$$

ここに, α は, 角加速度である.

　今, n の質点を考える.

$$L = \sum_{i=1}^n F_i r_i = \sum_{i=1}^n m_i a_i r_i = \sum_{i=1}^n m_i \alpha r_i^2$$

したがって, 固定軸 z の周りに回転する平面領域 D については,

$$L_z = \iint_D dm\, \alpha r^2 = \alpha \iint_D \rho(x,y)(x^2+y^2)\,dxdy = \alpha I_z$$

ここに，I_z は，z 軸の周りの慣性能率という．なお，固定軸 x, y の周りに回転する場合，

$$L_x = \iint_D dm\, \alpha y^2 = \alpha I_x, \quad L_y = \iint_D dm\, \alpha x^2 = \alpha I_y$$

ここに，I_y, I_x は，それぞれ x, y 軸の周りの慣性能率という．同様に，空間の領域 D に対しては，

$$L_x = \alpha I_x = \alpha \iiint_D \rho(y^2+z^2)\,dxdydz$$

$$L_y = \alpha I_y = \alpha \iiint_D \rho(z^2+x^2)\,dxdydz$$

$$L_z = \alpha I_z = \alpha \iiint_D \rho(x^2+y^2)\,dxdydz$$

■ **例題 5.9** ■

A からの高さが h である △ABC の，A を通り辺 BC に平行な直線 g に関する慣性能率を求めよ．

【解答】 AB 上に P，AC 上に Q をとり，PQ ∥ BC とすれば

$$\frac{y}{a} = \frac{x}{h} \quad \text{したがって} \quad y = \frac{ax}{h}$$

PQ の質量がその重心に集まっていると考えて

$$I_g = \int_0^h x^2 \rho \frac{ax}{h}\,dx = \frac{\rho a}{h}\left[\frac{x^4}{4}\right]_0^h = \frac{\rho a h^3}{4} = \frac{h^2 M}{2} \;\bigstar$$

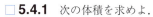

演習問題

☐ **5.4.1** 次の体積を求めよ．
(1) 円柱 $x^2+y^2 = a^2$ ($a>0$) の xy 平面の上方，平面 $z=x$ の下方にある部分．
(2) 双曲放物面 $z=xy$，柱面 $(x-2)^2+(y-1)^2=1$ および平面 $z=0$ により囲まれる部分．

演習問題　　**117**

(3) 底面の半径 a の直円柱から，その底面の直径を通り底面と α $\left(0 < \alpha < \frac{\pi}{2}\right)$ の角をなす平面で切りとった部分.

(4) 2 つの放物柱面 $z = 1 - x^2$, $x = 1 - y^2$ によって囲まれる立体を xy 平面で切った部分.

□ **5.4.2** 密度一様として，次の曲面の重心を求めよ. ただし，a, b, c は正の定数とする.

(1) $\dfrac{x^2}{a^2} + \dfrac{y^2}{b^2} + \dfrac{z^2}{c^2} \leq 1$, $z \geq 0$

(2) 曲面 $z = \dfrac{x^2}{a^2} + \dfrac{y^2}{b^2}$ と平面 $z = c$ の間の立体

(3) 半球面 $x^2 + y^2 + z^2 = a^2$, $z \geq 0$

(4) 円柱 $x^2 + y^2 = a^2$ の内部にある円柱面 $x^2 + z^2 = a^2$ のうち $x \geq 0$, $y \geq 0$, $z \geq 0$ の部分

(5) 球面 $x^2 + y^2 + z^2 = a^2$ の内部にある円柱面 $x^2 + y^2 = ax$ の部分

□ **5.4.3** 次の曲面積を求めよ.

(1) 曲面 $z^2 = 4ax$ が柱面 $y^2 = ax - x^2$ によって切りとられる部分の曲面積 $(a > 0)$.

(2) 平面 $\dfrac{x}{a} + \dfrac{y}{b} + \dfrac{z}{c} = 1$ $(a, b, c > 0)$ が座標面によって切りとられる部分の曲面積.

(3) 曲面 $x^2 + y^2 = 2z$ の 2 平面 $z = 0$, $z = 1$ の間にある曲面積.

(4) 柱面 $x^2 + y^2 = ax$ によって切りとられる球面 $x^2 + y^2 + z^2 = a^2$ の部分の曲面積 $(a > 0)$.

(5) 球面 $x^2 + y^2 + z^2 = a^2$ によって切りとられる円柱 $x^2 + y^2 = ax$ の側面の部分の曲面積 $(a > 0)$.

□ **5.4.4** 密度一様として，次の領域 D の直線 g に関する慣性能率を求めよ.

(1) D：2 辺の長さが $2a$, $2b$ の長方形の薄板，g：板の中心を通り板に垂直な直線.

(2) D：楕円板 $\dfrac{x^2}{a^2} + \dfrac{y^2}{b^2} \leq 1$ $(a > 0, b > 0)$，g：板の中心を通り板に垂直な直線.

(3) D：外半径 a，内半径 b の輪形の薄板

  (i) g_1：1 つの直径

  (ii) g_2：円の中心を通り板に垂直な直線

索　引

あ 行

1 階線形微分方程式　43
陰関数　7

か 行

慣性能率　115
完全微分方程式　44

曲線群　31
曲率　32

区分求積法　91

原始関数　35

高階偏導関数　55
勾配ベクトル　59

さ 行

最大値・最小値の定理　20
3 階偏導関数　55

指数関数　5
縮閉線　30

積分定数　35
全微分　67

双曲線関数　6

た 行

対数関数　5

置換積分法　37
中間値の定理　20

同次形　43

な 行

ナブラ　59, 61

2 階偏導関数　55

は 行

被積分関数　35

不定積分　35
部分積分法　38

べき関数　5
変数分離形　42
偏導関数　54
偏微分　54

方向微分係数　57
包絡線　31

ま 行

無理関数　5

や 行

ヤコビアン　70

有理関数　5

陽関数　7

ら 行

ラグランジュ未定乗数法　83

英数字

α 位の無限小　19

KKT の必要条件　88

x–偏微分係数　54

著者略歴

牛 島 邦 晴
うし じま くに はる

2002 年 3 月　東京理科大学大学院工学研究科機械工学専攻
　　　　　　博士後期課程修了　博士（工学）
現　　在　　東京理科大学工学部機械工学科　教授

機械工学ライブラリ＝ UKM–13

理工系のための 微分積分

2025 年 3 月 25 日 ⓒ　　　　　　初 版 発 行

著　者　牛島邦晴　　　　　発行者　田 島 伸 彦
　　　　　　　　　　　　　印刷者　大 道 成 則

【発行】　　株式会社　数 理 工 学 社

〒151-0051　東京都渋谷区千駄ヶ谷 1 丁目 3 番 25 号
編集　☎ (03)5474–8661（代）　　サイエンスビル

【発売】　　株式会社　サ イ エ ン ス 社

〒151-0051　東京都渋谷区千駄ヶ谷 1 丁目 3 番 25 号
営業　☎ (03)5474–8500（代）　振替 00170–7–2387
FAX　☎ (03)5474–8900

印刷・製本　　(株)太洋社
《検印省略》

本書の内容を無断で複写複製することは，著作者および出
版者の権利を侵害することがありますので，その場合には
あらかじめ小社あて許諾をお求め下さい．

ISBN978–4–86481–124–8

PRINTED IN JAPAN

サイエンス社・数理工学社の
ホームページのご案内
https://www.saiensu.co.jp
ご意見・ご要望は
suuri@saiensu.co.jp　まで．